U0248917

注册建造师继续教育必修课教材

民航机场工程

注册建造师继续教育必修课教材编写委员会　编写

中国建筑工业出版社

图书在版编目(CIP)数据

民航机场工程/注册建造师继续教育必修课教材编写委员
会编写. —北京：中国建筑工业出版社，2012.1
（注册建造师继续教育必修课教材）
ISBN 978-7-112-13848-7

Ⅰ. ①民… Ⅱ. ①注… Ⅲ. ①建筑师-继续教育-教材②民
用航空-机场-建筑工程-继续教育-教材 Ⅳ. ①TU②TU248.6

中国版本图书馆 CIP 数据核字(2011)第 254689 号

本书为《注册建造师继续教育必修课教材》中的一本，是民航机场工程专业一级
注册建造师参加继续教育学习的参考教材。全书共分 5 章内容，包括：民航机场工程
项目管理；民航机场工程技术；民航机场工程建设重大工程；民航机场工程质量与安
全生产管理；民航机场工程法律法规与职业道德基本要求。本书可供民航机场工程专
业一级注册建造师作为继续教育学习教材，也可供民航机场工程技术人员和管理人员
参考使用。

* * *

责任编辑：刘　江　岳建光
责任设计：陈　旭
责任校对：刘梦然　刘　钰

注册建造师继续教育必修课教材
民 航 机 场 工 程
注册建造师继续教育必修课教材编写委员会　编写
*
中国建筑工业出版社出版、发行(北京西郊百万庄)
各地新华书店、建筑书店经销
北京天成排版公司制版
北京云浩印刷有限责任公司印刷
*
开本：787×1092毫米　1/16　印张：10½　字数：256千字
2012 年 1 月第一版　2012 年 1 月第一次印刷
定价：**26.00** 元
ISBN 978-7-112-13848-7
(21906)
如有印装质量问题，可寄本社退换
(邮政编码　100037)

注册建造师继续教育必修课教材

审 定 委 员 会

主　　　　任：陈　重　吴慧娟

副 主 任：刘晓艳

委　　　员：（按姓氏笔画排序）

尤　完　孙永红　孙杰民　严盛虎

杨存成　沈美丽　陈建平　赵东晓

赵春山　高　天　郭青松　商丽萍

编 写 委 员 会

主　　　编：商丽萍

副 主 编：丁士昭　张鲁风　任　宏

委　　　员：（按姓氏笔画排序）

习成英　杜昌熹　李积平　李慧民

何孝贵　沈元勤　张跃群　周　钢

贺永年　高金华　唐　涛　焦永达

詹书林

办公室主任：商丽萍（兼）

办公室成员：张跃群　李　强　张祥彤

序

为进一步提高注册建造师职业素质，提高建设工程项目管理水平，保证工程质量安全，促进建设行业发展，根据《注册建造师管理规定》（建设部令第 153 号），住房和城乡建设部制定了《注册建造师继续教育管理暂行办法》（建市〔2010〕192 号），按规定参加继续教育，是注册建造师应履行的义务，也是申请延续注册的必要条件。注册建造师应通过继续教育，掌握工程建设有关法律法规、标准规范，增强职业道德和诚信守法意识，熟悉工程建设项目管理新方法、新技术，总结工作中的经验教训，不断提高综合素质和执业能力。

按照《注册建造师继续教育管理暂行办法》的规定，本编委会组织全国具有较高理论水平和丰富实践经验的专家、学者，制定了《一级注册建造师继续教育必修课教学大纲》，并坚持"以提高综合素质和执业能力为基础，以工程实例内容为主导"的编写原则，编写了《注册建造师继续教育必修课教材》（以下简称《教材》），共 11 册，分别为《综合科目》、《建筑工程》、《公路工程》、《铁路工程》、《民航机场工程》、《港口与航道工程》、《水利水电工程》、《矿业工程》、《机电工程》、《市政公用工程》、《通信与广电工程》，本套教材作为全国一级注册建造师继续教育学习用书，以注册建造师的工作需求为出发点和立足点，结合工程实际情况，收录了大量工程实例。其中《综合科目》、《建筑工程》、《公路工程》、《水利水电工程》、《矿业工程》、《机电工程》、《市政公用工程》也同时适用于二级建造师继续教育，在培训中各省级住房和城乡建设主管部门可根据地方实际情况适当调整部分内容。

《教材》编撰者为大专院校、行政管理、行业协会和施工企业等方面管理专家和学者。在此，谨向他们表示衷心感谢。

在《教材》编写过程中，虽经反复推敲核证，仍难免有不妥甚至疏漏之处，恳请广大读者提出宝贵意见。

注册建造师继续教育必修课教材编写委员会
2011 年 12 月

前　言

　　根据"关于印发《建造师职业资格制度暂行规定》的通知"（人发［2002］111 号）的精神，自 2002 年起，人事部、建设部决定对建设工程项目总承包及施工管理的专业技术人员实行建造师注册资格制度，并纳入全国专业技术人员注册资格制度统一规划；同时规定建造师必须接受继续教育，方可再次注册。2010 年 11 月 15 日住房和城乡建设部又发布了"《注册建造师继续教育管理暂行办法》的通知"（建市［2010］192 号），再次强调：注册建造师按规定参加继续教育，是申请初始注册、延续注册、增项注册和重新注册的必要条件。继续教育包括 60 学时的必修课和 60 学时的选修课。本书是必修课所需专业教材。编写组还将承担选修课大纲及教材的编写和遴选。

　　民航机场工程一级注册建造师的继续教育工作关系到全国民航机场专业工程的建设和发展，特别是关系到工程项目管理、工程质量的管理水平。为此，邀请有关单位的领导和专家参与编写和审定民航机场工程一级注册建造师继续教育大纲及教材。

　　首都机场集团公司、上海机场集团有限公司、广东省机场管理集团公司、西部机场集团有限公司、四川省机场集团有限公司、云南机场集团有限责任公司、中国民航机场建设集团公司、民航专业工程质量监督总站、民航华北空管局、中国民用航空局第二研究所、成都西南民航空管工程建设有限责任公司、中国民航大学、中国航空港建设总公司、北京金港机场建设有限责任公司、北京中航空港建设工程有限公司、中国航空港建设第八工程总队、四川省场道工程有限公司、四川华西安装工程有限公司等单位积极支持此项工作；在编写和审定过程中还曾得到了张光辉、刁永海、邵道杰、刘海云、张淑萍、曹幼虎和胡玉亭等同志的指导和支持，在此一并表示感谢！

　　本教材在编写过程中，虽经反复推敲核证，仍会有不妥甚至疏漏之处，恳请广大读者不吝赐教，提出宝贵意见。

目　　录

1　民航机场工程项目管理

1.1　场道工程项目管理

1.1.1　场道工程项目管理的一般内容

飞行区场道工程项目分为：土(石)方工程、基础工程、道面工程(含水泥混凝土面层或沥青混凝土面层)、排水工程、滑行道桥工程以及飞行区附属工程(巡场路、围界工程)。

1. 场道工程施工准备

(1) 一般规定

1) 施工准备是建设单位和施工单位在工程正式开工前应做好的准备工作。

2) 建设单位应办妥施工范围内的土地征用、坟墓迁移、民房拆迁、障碍物拆除、青苗和树木赔偿等事宜；接通水源和电源、修通进场道路。必要时，以上部分准备工作，可委托施工单位承担。

3) 施工单位应复查和了解工程所在地的地形、地质、水文、气象、水源、电源、料源、料场、交通运输、通信联络以及城镇建设规划、农田水利设施和环境保护等情况；场区施工范围内的建筑物、坟墓、暗穴、水井以及各种管线、道路、灌溉渠道等应详尽登记、标注，必须拆迁或改线的，应报建设单位办妥拆迁或改线手续。

4) 机场建设工程开工前，建设单位应向施工单位提交施工现场的各种地下电缆、管网以及有关设施的位置、走向、埋设深度和结构情况等资料。对于拟定保留的原有地上、地下的建、构筑物和各种管网，在施工过程中应有专人保护。对要求拆除或改造的通信、电力设施及其他建筑物、构筑物应在开工前完成。

施工单位应核实建设单位提供的资料，如发现建设单位所提供的资料与实际不符或出现意外情况，施工单位应通知监理工程师及建设单位，共同研究，采取措施。

5) 建设单位应组织设计、施工、监理等单位进行设计交底，并做好纪要。

6) 施工单位承接任务后应做好开工前的技术准备、现场准备以及劳力、机具、设备和材料准备等工作。

7) 对正在使用的机场飞行区进行改(扩)建时，施工单位应与机场当局商议制定严密的保证飞行安全的措施。

(2) 技术准备

施工单位应组织有关人员对设计文件、图纸、资料进行研究和现场核对，必要时进行补充调查。如发现图纸和资料欠缺、错误、矛盾等情况，应根据有关程序向设计单位提出，予以补全、更正。

施工单位应在工程开工前编制好施工组织设计，报监理或业主代表审批。

施工单位应针对工程特点，依据设计文件、相关规范编制主要工程项目的施工方案，逐级做好技术交底工作。

对于施工难度大、技术要求高以及首次采用新技术、新工艺、新材料的工程，应制定相应的技术保障措施，做好技术培训工作，必要时应先行试点，取得经验后展开施工。

施工单位应根据工程特点及规范要求，在工程开工前完成其主要原材料的试验检验及土工试验、基层混合料组成设计、混凝土配合比设计等工作。

单位工程开工前，施工单位应向建设单位、监理单位呈报开工报告。开工报告未经批准，不得开工。

（3）现场准备

施工单位应按照经建设单位批准的施工总平面布置图进行现场布置；应按照施工总平面图搭设工棚、仓库、加工厂和预制厂；安装供水管线，架设供电线路；设置料场、车场、搅拌站；修筑临时道路和临时排水设施等。

有洪水威胁的地区，防洪设施应在汛期前完成。当临时排水、防洪设施与永久排水沟（管）相结合时，其沟底高程宜高出永久排水沟（管）土基设计高程300mm左右。

施工单位应对施工机械、车辆和设备进场所通过的道路、桥涵和卸车设施的通行、承载能力进行调查、验算，不符合要求的应予加宽或加固。

（4）劳力、机具、设备和材料准备

开工前，应根据劳力使用计划落实劳力来源，按计划组织进场，并按合同法和有关规定订立合同。

根据各类机具、设备、车辆及油料等使用计划，分期分批组织进场。其中需要维修、租赁和购置的，应按计划落实。

工程作业所需的各类机具、仪器、设备应准备充分，并经检测单位检验合格后方可使用。

对于主要大宗材料，应按就地取材原则逐项核查其产量、品质、价格以及运输道路和费用等，做好技术经济比较，择优选用，并根据使用计划组织进场。

（5）施工控制桩（网）测设

建设单位应向施工单位提交首级控制网的测设成果。施工测量应以建设单位所提供的平面、高程控制点（网）及其成果为准。施工单位必须对建设单位提供的测量成果进行复测和验收。

2. 场道工程质量管理与控制

（1）总则

单位工程开工前，施工单位应向建设单位、监理单位呈报开工报告。开工报告未经批准，不得开工。

施工单位应根据设计文件、施工合同和施工现场所处的气候、水文、地质、地形等环境条件，选择满足规范质量指标要求、性能稳定的原材料，确定施工设备种类和施工工艺方法。

施工单位应建立健全质量保证体系，从影响工程施工的人员、材料、机械、施工方法和施工环境五个方面着手，按"事前、事中、事后"三个阶段对工程施工实施全过程的质量控制。严格工序交接验收制度，上道工序未经检查验收，下道工序不得施工。凡属隐蔽工程，应填写隐蔽工程检查验收表。

施工单位必须建立工地试验室。工地试验室应能满足本规范规定的各项常规试验检验的需要；所有试验仪器都须经事前标定并定期进行鉴定。

机场场道工程施工应节约用地，少占农田，并按照国家有关规定注意防止环境污染。

质量控制要有完整、细致的方案，确保资料及时、完整、准确、填写规范。

工程竣工后，应及时归档和整理相关资料，做好竣工验收的准备工作。

（2）土（石）方工程

施工单位必须在土（石）方工程开工前制定质量控制方案，并在施工中严格执行。质量控制方案中应包括检测项目、检测方法、检测频度、质量标准（或允许偏差）、检测流程。检测项目必须满足相关规程的要求。

土方填筑或碾压前应完成土的击实试验，并将试验结果报监理工程师确认。

遇下列隐蔽工程时，必须进行隐蔽验收，经监理工程师签认后，方可进行下道工序施工。

1）填方或挖方地段，按设计规定所做的换土工作完成后。

2）原地面沟、坑、塘、穴等特殊部位处理后。

3）按设计要求所做的加固处理工作完成后。

4）原构筑物及树根、草皮、腐殖土等清理工作完成后。

5）道面土基完成后（填土分层填筑时，分层检查验收）。

按设计要求，必须进行隐蔽验收的其他项目。

（3）基础工程

施工单位必须在基础工程开工前制定质量控制方案，并在施工中严格执行。

质量控制方案中应包括检测项目、检测方法、检测频度、质量标准（或允许偏差）、检测流程。

检测项目必须满足相关规程的要求。

各种材料进场前，必须及早检查其规格和品质，不符合规范规定技术要求的材料不得进场。

施工单位必须向监理工程师报验用于基础工程的原材料，未经监理工程师检查认可的原材料不得使用。

基层正式施工前，应铺筑试验段，并达到下列要求：

1）检验施工组织方案的合理性及机械设备的运转状况；

2）确定材料的松铺系数和一次铺筑的合适长度；

3）确定混合料的最终配合比；

4）确定合适的拌合机械、拌合方法及控制结合料剂量的方法；

5）确定压实机械的组合、碾压程序、速度和遍数。

压实度应符合设计要求。对于半刚性基层，施工单位应在碾压结束后检测压实度，并及时养护，未达到压实度设计要求的，及时补充碾压。

遇下列隐蔽工程时，必须进行隐蔽验收，经监理工程师签认后，方可进行下道工序施工。

监理工程师对原材料及半刚性基层混合料强度验收应采取平行取样检测或见证取样检测的方式验收，其他项目应采取平行取样检测方式验收。

（4）道面水泥混凝土面层

各种材料进场前，施工单位应检查其规格和品质，不符合规范技术要求的材料不得进场。

施工单位应按规定对进场材料抽样检验，不符合规范技术要求的材料不得使用。

施工单位必须向监理工程师报验用于道面面层工程的原材料检验报告，未经验收认可的原材料不得使用。

混凝土施工前应完成混凝土配合比试验。

混凝土在大面积铺筑前应进行混凝土试打。

混凝土拌制过程中，施工单位应经常检查计量及新拌混凝土和易性，掺引气外加剂时，还应检查新拌混凝土的含气量。每班随机抽检不少于 3 次。

混凝土的施工操作必须严格执行施工操作规范。

施工单位在施工过程中应按规范要求对混凝土板外形质量进行控制。

下列项目必须进行中间隐蔽验收，经监理工程师签认后，方可进行下道工序施工。

1）模板（俗称"验仓"）；

2）钢筋网、加强筋安装；

3）传力杆、拉杆、胀缝板安设；

4）道面板中预埋件安设；

5）旧道面加厚前处理；

6）旧道面加厚隔离层；

7）施工缝沥青涂刷；

8）接缝缝槽与清理。

监理工程师对原材料、混凝土强度及混凝土板厚度（取芯）的验收应采取平行取样检测或见证取样检测的方式验收，其他项目应采取平行取样检测方式验收。

3．生产要素管理

在实施工程项目时，参与施工的工、料、机等均为项目施工生产要素。只有对此进行合理配置，才能保证既定目标的实现。

（1）劳动力组合管理

在项目施工中，劳动力是各类资源中最主要的资源。劳动力的组织管理涉及施工人员的知识、技能的合理搭配。为实现合理、有序施工的目的，必须要有科学的组织。

由于民航机场工程建设规模均较大，所以，在确定管理组织形式时，一般均采取管理人员由项目经理直接领导的组织方式，即项目经理部设多个职能部门，使项目施工由这些职能部门形成支持，这样，既能发挥职能部门的纵向优势，又可发挥项目组织的横向优势。项目经理部每个成员和部门均受各自部门负责人和项目经理的双重领导，使项目经理对项目的成员有权控制与使用，以达到顺利完成大型、复杂项目的目的。

（2）施工人员管理

项目施工人员由管理人员、专业技术人员和生产工人组成，实施管理和技术职责的人员是构成项目部的主体。规划施工人员管理的目的是为了提高劳动生产率，保证施工安全，落实文明施工。

施工人员管理要素：劳动组织、劳动纪律、劳动保护、培训和考核与激励。施工人员管理方法：按劳动效率确定，按岗位确定，按设备确定，按组织机构的职能、范围与业务分工确定。

（3）机场道面工程主要施工工序的劳动力组合

在机场道面工程施工中，应根据作业特点及施工进度计划优先配置人力资源，制定劳动力需求计划。投入现场的劳动力由专业技术人员、特殊工种人员、机械操作手和普通工人组成。专业技术人员为各分项目的组织与技术管理者；特殊工种人员主要有测量员、试验员、质检员、安全员、电工、机修工、钢筋工等；机械操作手即为参与项目施工的所有机械、设备的各类操作人员。项目工程劳动力组合由工程的性质、工期决定。施工现场的劳动力应进行动态管理，即对劳动力进行跟踪平衡，落实考核与奖罚制度，以确保项目施工有序、高效运行。

4. 进度管理与控制

施工项目进度控制就是在保证工程质量和节约成本的条件下，确保既定合同工期目标的实现。

（1）进度控制程序

施工准备阶段的进度控制：确立进度控制组织机构——确定进度目标——编审总进度计划——编审实施性施工进度计划。

施工阶段的进度控制：执行进度计划——监督检查计划——采取措施纠偏——调整计划。

竣工验收阶段的进度控制：竣工资料归档——竣工验收移交——竣工决算。

（2）进度控制内容

编制出最佳的施工进度计划，在执行该计划的施工中，经常检查施工实际进度情况，若出现偏差，及时分析产生的原因和对工期的影响程度，制定必要的调整措施，直至修改原计划，不断地如此循环，直至工程竣工验收。

1）施工前进度控制

根据合同要求制定进度控制目标，实行目标控制。建立以项目经理为责任主体，由子项目负责人、计划人员、调度人员、作业队长及班组长参加的项目进度控制体系。编制施工进度计划，对工程准备工作及各项任务做出安排。绘制施工进度形象图，一般采用横道图或网格计划图。

2）施工过程中进度控制

包括进度的准备、实施、检查、调整。项目进度实施主要分为四种情况控制：①正常条件下的进度控制。②由于业主等外部因素导致施工条件变化时的进度控制。以完成施工任务为原则，调整施工管理方案和进度计划，调节资源供应。③当合同进度与实际进度有偏差时，进度的实施与控制。分析原因，调整设备的组织和资源的供应；加强总体进度协调控制，保证总体进度；进行风险评估，预先考虑各项风险因素。④特殊情况下，包括赶进度和中途停工条件下的进度控制。落实资源的供应，设备的组织；采用激励机制，促进全员的积极性；做好各项辅助工作并争取补偿。

3）施工后期进度控制

施工后期进度控制是指完成工程后的进度控制工作，包括组织工程验收、进行工程决算、工程竣工资料整理等。

（3）进度管理与控制注意事项

加强进度控制中的协调工作，保证制约工期的问题在第一时间得到解决。

建立进度控制的检查监督系统，及时统计整理实际施工进度的资料，并与计划进度比较分析和进行调整。

全面考虑影响施工项目进度的因素。机场工程项目工程量大、工序复杂、工期较长，影响进度的因素较多，编制计划和控制施工进度时必须充分认识和估计这些因素，才能克服其影响，使施工进度尽可能按计划进行。采用动态循环控制原理、采用系统控制原理、采用信息反馈原理、采取弹性风险管理原理、重视网络计划技术原理。

5. 计量支付

工程计量支付就是依据施工进度，对已完成的工程数量进行测量与统计，准确地确定工程的实际完成数量，依据合同单价申报支付工程进度款的过程。

(1) 计量支付程序

工程计量支付程序：分部分项工程完工验收→工程量中间计量→工程价款中期计量→工程进度款支付。

根据合同约定，一般每月办理一次计量支付，由承包商向监理工程师提交《月中间计量申报表》，监理工程师审核申报工程量和工程价款，并检查申报工程项目的辅助证明资料，如开工申请单、工程检验认可书，合同外的工程项目还需附变更令、变更图纸、变更后工程量清单等。监理审核确认后，报业主审核确认，最后汇总至财务部门支付工程款。

(2) 计量支付内容

工程计量的内容：清单中的工程项目(工程量清单中有数量或金额的工程项目必须进行计量。对于清单中没有体现单价与金额的项目，合同文件中规定，其费用已经包括在清单的其他单价或款项中，也必须进行计量，以便确认承包商是否按合同条款完成了该项工程，但不予支付)；除了工程量清单中的工程项目以外，对于合同文件规定的包干项目必须根据合同条款进行计量；工程变更项目(工程变更项目的计量除了需要完工验收证明手续外，还需要具备完整的变更手续，如工程变更令、变更后的图纸和清单等)。

工程支付的内容：主要分为清单项目支付和清单外项目支付两大类，包括工程费用(即工程量清单、价格调整、工程变更)、暂付费用(即开工预付款、材料预付款、保留金)、违约费用(即迟付款利息、违约罚金)、合同奖罚等。

6. 成本管理与控制

(1) 项目施工成本管理原则

1) 成本最低化原则。

2) 全面成本管理原则。

3) 成本责任制原则。

4) 成本管理有效化原则。

5) 成本管理科学化原则。

(2) 项目施工成本控制方法

1) 以施工预算控制成本支出。即"量入为出"，这是最有效的方法之一。

2) 以项目成本计划控制人力资源和物质资源的消耗。资源消耗数量的货币表现就是成本费用。所以，控制了资源消耗，就等于控制了成本费用。

3) 建立资源消耗台账，实行资源消耗的中间控制。即在施工过程中，各成本责任部门、班组或个人，都应及时记录各自成本责任范围内的各类资源消耗和原始记录，从而对各种资源消耗实施及时、有效的中间控制。

4) 成本与进度应同步，以此控制分部、分项工程成本。若成本与进度不对应，就要作为"不正常"现象进行分析，找出原因，予以纠正。

5) 建立项目成本审核鉴证制度，控制成本费用支出。这是项目成本控制的最后一道关，必须重视。

6) 加强质量管理，控制质量成本。尤其是要注意控制质量标准未达到设计要求而产生的损失费用。

7) 加强统计核算、业务核算、会计核算。

(3) 项目施工成本目标考核内容

1) 企业对项目经理考核的内容：项目成本目标和阶段成本目标的完成情况；成本管理的落实情况；成本计划的编制与落实情况；对各层责任成本的检查与考核情况；贯彻责权利原则的执行情况。

2) 项目经理对各部门、各施工队和班组考核的内容：各部门责任成本的完成情况；各部门成本管理责任的执行情况；劳务合同的执行情况；班组任务的管理情况。

7. 合同管理与控制

施工合同是由具有法人资格的发包方和承包方为完成商定的工程，明确双方权利、义务关系的合同。合同管理的作用：一是促使施工合同的双方在相互平等、诚信的基础上依法签订合同；二是有利于合同双方在合同执行过程中进行相互监督，以确保合同顺利实施；三是合同中明确规定了双方具体的权利与义务，通过合同管理，确保合同双方严格执行；四是通过合同管理，增强合同双方履行合同的自觉性，调动建设各方的积极性，使合同双方自觉遵守法律规定，共同维护当事人双方的合法权益。

8. 索赔管理

工程索赔是在工程承包合同履行中，当事人一方由于另一方未履行合同所规定的义务或者出现了应当由对方承担的风险而遭受损失时，向另一方提出赔偿费用和工期要求的行为。

(1) 索赔的程序

在合同实施阶段中所出现的每一个施工索赔事项，都应抓紧协商解决，并与工程进度款的月结算制度同时进行支付，争取做到按月清理。关于施工索赔的处理程序，一般按照以下步骤：①提出索赔要求，发出索赔通知书；②报送索赔资料；③会议协商解决；④调解；⑤提交仲裁或诉讼。

(2) 索赔管理的内容

1) 加强施工合同管理

索赔产生的主要原因有：当事人违约、不可抗力事件、合同缺陷、合同变更、工程师指令、其他第三方原因等。索赔产生的根源在合同的约定条款。加强合同管理是积极、稳妥处理索赔的前提和关键。

2) 索赔证据材料的收集与管理

索赔证据材料是索赔报告的重要组成部分，证据不足或没有证据，索赔就不可能成立。索赔证据材料的收集整理是一项十分繁琐和要求细致的工作。承包商应当制定相应的规章制度，各职能部门分工负责，通力合作，才有可能满足索赔证据材料的内容、精度和时间的要求。索赔涉及的基础材料主要有：

　　① 招标文件、施工合同文本及附件，补偿协议，经监理工程师批准的工程计划、施工图和技术规范等。

　　② 各方的往来信件和经各方签署的会议纪要。

　　③ 气象资料、工程检查验收报告和各种技术鉴定报告，工程中停电、停水、道路开通和封闭的记录和证明。

　　④ 国家及行业政策性文件。

　　⑤ 材料的采购、订货、运输、进场和使用方面的证据。

　　对进场人员数量和动态变化数量以及在标段内各施工面上的分布情况，按月报监理方备查，发生非承包商原因停工时，用于计算人员窝工费用。

　　对业主提供的主要材料，作好供应时间记录，发生延误造成工程停工时，索赔工程停工费用。材料质量有问题时，及时退货。若已造成工程损失，可提出相应损失索赔。

　　进场施工设备数量和标段内各施工面上分布情况，按月报监理部备查，发生非承包商原因停工时，用于计算施工设备停滞费用。

　　施工图提供时间记录，设计修改图和设计修改通知单收到设计记录；移交测量基准设计记录；开工、停工、复工通知单；检查后证明质量合格的重复检查记录；工程图片资料。这些都是用来计算施工图等提供时间延误、停工、重复检查等损失费用的重要依据。

　　订阅收集归档管理国家及行业政策性文件，用于按合同条款相关调整规定类推执行索赔相应费用。

　　提供施工用地时间记录、提供部分工程准备工程时间记录、停电和停水时间记录、其他标施工干扰记录、村民干扰造成停工记录等。这些均是用于计算停工后人员窝工、施工设备停滞等损失费用的重要依据。

　　（3）索赔谈判

　　谈判要以合同条款为法律依据，以真实的证据材料为事实依据，有理、有力、有节地进行，对于风险共担项目索赔焦点往往在分担比例的确定上，业主承担多大的比例与业主的资金状况、业主与承包商的合作关系、承包商的施工进度等有关。

　　（4）索赔管理的注意事项

　　1）正确认识索赔。索赔是当事人保护自己避免损失的重要手段。索赔完全是一种正当的权利要求，是在合同实施过程中的一项正常的业务。

　　2）熟悉和掌握施工索赔依据。

　　3）收集施工索赔证据。

　　4）遵循施工索赔的程序。

　　5）及时合理地处理索赔。

　　6）主动控制，尽量避免和弱化索赔。

　　9. 职业健康安全与环境控制

　　（1）职业健康安全与环境控制的程序

　　1）建立职业健康安全与环境控制体系。

　　2）确定职业健康安全与环境控制目标。

按"目标管理"方法在以项目经理为首的项目管理系统内进行分解，从而确定每个岗位的安全目标，实现全员职业健康安全控制。

3）对施工的职业健康安全与环境影响因素进行识别和风险评价。

对生产过程中影响职业健康安全与环境的因素加以识别，并进行风险评价，确定重大危险源和重要环境因素。

4）制项目职业健康安全与环境控制技术措施。

对生产过程中影响职业健康安全与环境的因素，用技术手段加以消除和控制，并用文件化的方式表示，这是落实"预防为主"方针的具体体现，是进行工程项目安全控制的指导性文件。

5）职业健康安全与环境控制技术措施计划的落实和实施。

包括建立健全职业健康安全与环境管理责任制、设置职业健康安全与环境管理设施、进行职业健康安全与环境教育和培训、沟通和交流信息，通过管理控制使生产作业的职业健康安全与环境状况处于受控状态。

6）职业健康安全与环境控制技术措施计划的验证。

包括职业健康安全与环境检查、纠正不符合情况，并做好检查记录工作。根据实际情况补充和修改职业健康安全与环境技术措施。

7）持续改进。

（2）职业健康安全与环境控制的内容

1）掌握职业健康安全与环境有关的法律、法规知识

2）职业健康安全控制

① 危险源辨识与风险评价；

② 危险源的控制；

③ 危险源控制的策划原则。

3）职业健康安全技术措施计划及其实施

① 制定职业健康安全技术措施计划

主要内容包括：工程概况、控制目标、控制程序、组织机构、职责权限、规章制度、资源配置、职业健康安全措施、检查评价、奖惩制度等。

② 职业健康安全技术措施计划的实施：适应职业健康安全生产责任制；开展职业健康安全教育；进行职业健康安全技术交底。

4）职业健康安全检查

工程项目职业健康安全检查的目的是为了消除隐患、防止事故、改善劳动条件及提高员工安全生产意识的重要手段，是职业健康安全控制工作的一项重要内容。通过职业健康安全检查可以发现工程中的危险因素，以便有计划地采取措施，保证安全生产。施工项目的职业健康安全检查应由项目经理组织，定期进行。

① 职业健康安全检查的类型

职业健康安全检查可分为日常性检查、专业性检查、季节性检查、节假日前后的检查和不定期检查。

② 职业健康安全检查的主要内容

查思想；查管理；查隐患；查整改；查事故处理。

③ 职业健康安全事故处理

职业伤害事故，按照我国《企业职工伤亡事故分类》（GB 6441—1986）规定，结合机场工程实际可分为以下类别：物体打击、车辆伤害、机械伤害、触电、淹溺、灼烫、火灾、坍塌、火药爆炸、中毒和窒息。

按事故后果严重程度分类：轻伤事故、重伤事故、死亡事故、重大伤亡事故、特大伤亡事故。

职业病。经诊断因从事接触有毒有害物质或不良环境的工作而造成急慢性疾病，属职业病。2002 年卫生部会同劳动和社会保障部发布的《职业病目录》列出的法定职业病为10 大类共 115 种。

机场工程施工重点要防止：水泥尘肺、化学灼伤。

④ 建设工程职业健康安全事故的处理

安全事故处理的原则（四不放过的原则）：事故原因不清楚不放过；事故责任者和员工没有受到教育不放过；事故责任者没有处理不放过；没有指定防范措施不放过。

安全事故处理程序：报告安全事故；处理安全事故，抢救伤员，排除险情，防止事故蔓延扩大，做好标识，保护好现场等；安全事故调查；对事故责任者进行处理；编写调查报告并上报。

10. 文明施工和环境保护

文明施工是保持施工现场良好的作业环境、卫生环境和工作秩序。环境保护是按照法律法规、各级主管部门和企业的要求，保护和改善作业现场的环境，控制现场的各种粉尘、废水、废气、固体废弃物、噪声、振动等对环境的污染和危害。

1.1.2　工程实例

2007 年 3 月 27 日，某场道施工公司中标四川康定机场飞行区场道道面工程某合同段工程。该工程包括北段防吹坪、道肩、道面工程等。其中，水稳基层 24 万 m^2，碎石垫层4.5 万 m^3，混凝土道面 3.5 万 m^3。合同总造价 2412 万元人民币，合同工期 8 个月，质量要求达到国家验收标准。

康定机场是国家西部开发的重要窗口，是四川省和甘孜藏族自治州政府的形象工程，也是四川省的重点工程。它位于甘孜州康定县西北的折多山上，距康定县城约 50km，海拔高度 4286m，比九黄机场还高出 800m，是仅次于昌都邦达机场（西藏昌都邦达机场位于藏东昌都地区邦达高原上，海拔 4334m，居世界之最）的世界第二高的机场。康定机场处于高原地段，典型高山区气候，雨量充足，湿度大，气候恶劣，自然条件艰苦，冬季不能施工，交通不便，给施工生产和生活带来很多意想不到的困难。合同要求：必须按照机场建设的总体部署，在八个月内全部完工，以保证机场全面建设的需要。

一个两千多万的项目，3.5 万 m^3 的机场水泥混凝土道面工程，在普通地区也许根本就不算什么，只是一个很平常的场道工程而已。但是，对于气候恶劣、资源匮乏的高原地区而言，其施工难度和管理难度则非常艰难。中标这个项目对该场道施工公司来说，既是一种荣耀，同时更是极大的挑战和考验。在项目管理方面，主要总结以下几点：

1. 组建精干、高效的项目管理班子

一个项目能否搞好，项目管理班子组建起决定性的作用，项目经理部要把总部的信息和业主、监理的要求传达给一线作业人员，同时又要带领施工人员深入现场，指导作业。

尽管该场道施工公司也在西藏贡嘎机场、九寨沟黄龙机场等高原机场施工过，有丰富的高原施工经验和管理人才，但当初参战的许多同志有的已经退休，不可能再回到施工项目上。同时，现在许多施工工艺已发生改变，信息化管理水平提高，很多老同志在项目施工现场也很难发挥自身原有的技术和管理水平。鉴于目前状况，公司领导班子做出大胆的决定：项目主要管理人员要少而精，优选业务精干的年轻人担任项目主要负责人，项目经理部设在施工现场，同时在山下康定县城内设工程领导小组，领导小组成员以高原施工经验丰富的老同志和在职部分领导为主，一是进行技术和管理指导，同时也便于公司人、财、物等资源的积极调配，做好后方保障工作。

2. 合理选择施工作业队伍

有了项目管理班子只是项目施工管理工作的第一步，真正要把项目做起来还是要靠施工作业队，尽管也预想过山上施工气候恶劣，高原缺氧等不利因素，优选三个实力比较强、作业人员年富力强的施工队伍进场。可实际上进场不到一周，就有两个作业队坚决要求退场，哪怕是不要工资也要退场，另外一个作业队也是勉强支撑，但施工力量大大减弱，每天完成作业量不足普通地区的1/3。项目管理人员一是不从事体力劳动，二是项目部配了两台越野车，尽量以车代步，可施工队不一样，每天要从事大量的体力劳动，高原反应强烈；再加上缺水缺电，生活条件不好，精神生活枯燥乏味，很多人都无法坚持下来。经过项目部领导研究商讨，同时咨询当地有关人员后做了调整：保留现有的作业队，尤其是主要技术工人要想办法留下来，尽量让他们从事技术指导工作，关键部位和重点工序由他们直接操作，其他工作尽量让当地工人来做。当地工人的优点是身体条件好，能适应当地工作环境，缺点是技术水平差，很多人根本没参加过作业队工作，还有语言障碍、生活习惯等差异。对此，项目部领导积极与当地有关部门取得联系，一是多了解地方风俗习惯；二是聘请当地部分有过外出打工经验的人员参与到项目管理活动中，通过他们来转达项目部的工作意图和各种指令。经过一段磨合之后，项目主要施工工作才逐渐正常化。到了后期，很多施工工作都是当地工人独立完成的。

3. 保障物资供应，加快施工进展

俗话说"巧妇难为无米之炊"，一个项目组织再精干，施工力量再强大，没有充足的材料供应，一切都是枉然。经过多方考察论证，当地水泥质量连水泥稳定碎石基层标准都达不到，不能满足施工需要，只能从雅安某水泥厂采购并运到现场，道面水泥只能选择峨眉水泥，运距太远。从成都到康定只有一条老川藏公路，双向两车道，年久失修，山路盘旋，暗冰滑坡较多，交通运输极为不便。砂石地材周边材料均无法满足施工要求，且远距离运输几乎不可能，最后请许多岩土专家现场考察，附近山上岩石基本能满足水泥混凝土道面施工技术要求，决定在山上开采几个砂石场，现场轧砂石。对建设单位来说，开采砂石本来就不是强项，最后只能引进专业采石厂负责砂石开采，重新购买设备，联合开采，工程完工后设备归采石厂。这样地材问题得到解决，其他外加剂等辅助和零星材料只能从成都地区购买，运送到现场。

4. 优化施工管理，提倡机械化施工

近些年来，国家的基本建设投资逐年加大，其相应的施工管理和施工技术水平也有了很大的提高，劳动生产率得到了极大的提高，其中重要的一点就是机械化施工水平得到了充分的发挥。各省级建设单位几乎都成立了机械化施工公司或专业机械化作业子公司，一个施工企业施工能力的高低很大程度上取决于拥有的机械设备数量和机械管理水平。

在康定机场施工过程中，公司领导非常重视机械化施工，能采用机械化施工工艺的尽量采用机械化施工，尽可能减少人工操作。主要是因为：(1)2007 年度全国基本建设规模进一步扩大，很多地方出现现场劳动力紧缺，劳动力资源成本加大。(2)国家对农民工的保护力度加大，农民工支付担保制度的推行增大了项目资金占用量，"以人为本，构建和谐社会"的社会宣传力度加强，使得劳动力资源越来越紧张，管理难度和管理成本也越来越大，相应的安全和职业健康体系管理和执行也越来越艰难。(3)人工操作工艺很大程度上取决于技术工人的技术水平，同时受环境影响和操作者心理影响比较大，管理起来人为因素比较多，且施工质量波动比较大，稳定性相对较差一点。(4)来自内地的技术工人受高原气候和环境影响，高原反应比较大，机械设备受高原气候和环境条件的影响相对要小得多，施工进度方面能得到保障。

2007 年 10 月 21 日至 23 日，由甘孜州人民政府委托康定机场建设管理有限公司组织建设、施工、监理、设计、勘察、检测等单位一起对康定机场进行了竣工验收。由该场道施工公司承建的飞行区道面工程合同段，经过民航西南管理局组成的验收小组在现场实测实量，并对竣工资料进行了全面、细致的检查后，认为："实测项目全部合格，质量保证资料齐全，工程表观质量较好，可评定为优良工程"。

1.2　空管工程项目管理

空管工程作为民航机场建设专业工程之一，相对其他几个专业工程，有专业性更强，科技含量更高，与飞行安全更加密切相关等特点，如何在《民用机场建设管理规定》(129 号令)和《民用机场运行安全管理规定》(191 号令)等国家、民航相关法律法规、规范标准的指导下完成空管工程，以下从招标投标管理、工程实施阶段管理、行业验收管理、工程保修等方面作介绍：

1.2.1　招标投标管理

根据民航总局文件《民航专业工程及货物招标投标管理办法》(2007 年 6 月 4 日)规定，依法必须招标的民航专业工程及货物的范围和规模标准如下：

(1) 施工单项合同估算价在 200 万元人民币以上的；

(2) 重要设备、材料等货物的采购，单项合同估算价在 100 万元人民币以上的；

(3) 勘察、设计、监理等服务的采购，单项合同估算价在 50 万元人民币以上的；

(4) 单项合同估算价低于(1)、(2)、(3)项规定的标准，但项目总投资额在 3000 万元人民币以上的；

(5) 民航专业工程建设项目中所需的建筑材料可随工程施工项目一同招标，也可由工程建设项目招标人单独或与工程中标人共同组织招标；施工安装类工程中的主要设备应由工程建设项目招标人依法组织招标，次要设备及附属材料可由工程建设项目招标人单独或与工程中标人共同组织招标。

参加业主或其委托的招标机构组织的招投标活动并中标，成为施工单位承揽空管工程的主要形式，做好招投标管理工作将有利于施工单位获取更多的工程项目，以取得更多的经济利润。

空管工程建设的投标程序分为：熟悉招标文件；申请资格预审；调查投资环境与现场

踏勘;分析招标文件,进行项目可行性研究;编制投标报价;编制投标文件;递交投标文件;开标及投标文件澄清;合同签订。

其中最重要的一步是现场踏勘,因为往往招标文件上的工程量会与实际工程量有较大差异,在实行总价包干合同时,工程量差异太大,不利于施工单位获取利润。

1.2.2 工程实施阶段管理

实施阶段是空管工程项目管理的要点,管理周期长,涉及面广,主要对工程质量、工程进度、工程安全、工程成本进行管理。

施工合同签订后应确认业主提供的施工图是经审查过的,施工图审查应由建设业主上报地区管理局,地区管理局委托有资质的施工图设计审查单位进行,未经审查的施工图不能用作施工依据。

在空管工程开工前,应结合现场实际情况和施工图设计、投标文件、施工合同编制施工组织设计。空管工程施工组织设计是直接指导现场施工活动的技术经济文件,包括施工组织总设计和单位工程施工组织设计,施工组织总设计是以整个空管工程项目为对象编制的,目的是要对整个空管工程的施工进行通盘考虑、全面规划,用以指导全场性的施工准备和有计划地运用施工力量,开展施工活动。其作用是确定拟建空管工程的施工期限、施工顺序、主要施工方法、各种临时设施的需要量及施工现场总的布置方案等。单位工程施工组织设计是以单项工程或单位工程为对象编制的,是用以指导单项工程或单位工程施工的,在施工组织总设计的指导下,具体安排人力、物力进行安装施工。施工组织设计的一般内容包括:(1)施工准备工作计划;(2)施工方案;(3)施工进度计划;(4)施工平面布置图;(5)劳动力、机械设备、材料等供应计划;(6)质量、安装保证、环境保护体系;(7)主要技术经济指标的确定;(8)项目管理机构;(9)质量、工期、安全目标。

由于空管工程在机场建设工程中属于点多面广、施工战线较长的专业工程。

如何科学、合理地规划施工平面图,确定临时设施的布置位置对于节约工期成本,增加时间效率十分必要。

案例 1:某施工单位承揽一新建机场空管工程,该工程包括仪表着陆系统、航管系统、气象自动观测系统、全向信标/测距仪台、短波台、VHF 遥控台、C 波段天气雷达站、南、北气象风廓线雷达站等台站设施,经过现场实地查看,发现共有全向信标/测距仪台、短波台、VHF 遥控台、C 波段天气雷达站、南气象风廓线雷达站 5 个台站都集中在跑道南端。该施工单位在编制施工组织设计方案时,将项目经理部的临时设施布置在跑道南端距围场路 100m 处的一块机场二期发展用地上。工程施工时,由于该工程的大部分台站都集中在临时设施周围,在施工车辆调配、设备二次搬运、施工人员调遣、加工材料制作搬运等方面都减少了不少时间成本、经济成本的支出,取得了较好的经济效益,并提前 10d 完成了合同任务。

空管工程质量控制包括预留预埋、设备材料的进场验收、隐蔽工程检查验收和过程检查、工艺安装质量检查、系统自检、试运行等阶段。

工程设备和材料的质量是空管工程质量的基础,施工单位应严格按照设计文件把好设备选型关,根据《民用航空空中交通管理设备开放、运行管理规则》(172 号令)规定:空管设备取得开放许可后方可投入使用。这里的空管设备是指与民用航空飞行安全密切相关的通信、导航、监视及气象设备,其中:

通信设备包括甚高频地空通信系统、高频地空通信系统、话音通信系统（即内话系统）、自动转报系统、记录仪等；

导航设备包括全向信标、测距仪、无方向信标、指点信标、仪表着陆系统等；

监视设备包括航管一次雷达、航管二次雷达、场面监视设备、精密进近雷达、自动相关监视系统、空中交通管制自动化系统等；

气象设备包括气象自动观测系统、自动气象站和风切变探测系统等沿跑道安装的气象探测设备，以及对空气象广播设备。

空管设备运行单位向所在地区的民航地区空管局申请空管设备投产开放许可时，应当提交的材料中包括如下内容：

（1）民航（总）局颁发的该型号空管设备的临时使用许可证或者使用许可证；

（2）信息产业部颁发的无线电设备准入证。

因此，施工单位在进行设备选型、采购时，除了要求该设备具有合格证书、检测文件等基本资料外，还应要求设备供货厂商出示民航（总）局和信息产业部颁发的上述证书。

案例 2：某新建民用支线机场飞行区标准为 3C，计划 2002 年 10 月建成通航，飞行区内设置全向信标/测距仪系统一套，为机场进离场航班提供方位/距离引导信号，该设备由建设方根据《工程建设项目货物招标投标办法》（国家发改委等 7 部委第 27 号令）于 2002 年 6 月 16 日通过国际公开招标，选定 A 国甲公司为全向信标/测距仪设备供货商并签订买卖合同，合同约定的供货日期为 2002 年 9 月 15 日，交货地点在广州港。2002 年 8 月 5 日，建设方听闻 A 国甲公司的设备还没有取得中国民航总局颁发的使用许可证（也没有颁发临时许可证），8 月 6 日建设方向 A 公司发出公函求证此事，同日得到 A 公司的回复，该公司的全向信标/测距仪设备确实还没有取得使用许可证，由于生产原因，9 月 15 日也不能向业主交货。建设方为了不影响当年的通航目标，重新与招标时作为第二中标候选人的 B 国乙公司签订购货合同，B 国乙公司最终在合同周期内将设备空运到交货现场，满足了建设方 10 月通航的总体建设目标。

由于空管工程在实施阶段会有通信频率批复；气象、导航台址批复；飞行程序优化调整等工作伴随其中，一旦出现批复、调整的内容与设计文件不符，就会引起工程变更和索赔。变更合同价款的调整原则为：合同中已有适用于变更工程单价的，按合同已有的单价计算和变更合同价款；合同中只有类似于变更工程的单价的，可参照确定变更合同价款；合同中没有上述单价的，由承包方提出相应价格，经监理工程师确认后执行。

案例 3：某地建设一个飞行区标准为 4C 支线机场，某施工单位承揽该机场空管工程建设施工任务，按合同工期及计划周期，该公司于 2006 年 5 月按照施工图设计完成航向台、下滑台机房土建工程；6 月，由于有关部门检查出该机场跑道主降方向净空区不符合民航相关标准，决定更改飞行程序，让跑道调头，原来主降方向改为次降方向，原次降方向改为主降方向，导航台址按调头后的跑道重新设置并报民航总局批复；6 月底，民航总局的台址批复下发，建设方要求该施工单位按原设计图在新台址上新建了航向台、下滑台；工程结算时，该施工单位按照变更合同价款的调整原则，按签订合同时的预算价格上报了新建的航向台、下滑台土建装饰费用，得到监理单位、建设业主的同意。

案例 4：某西部机场空管工程由某施工单位承担，合同工期为 4 个月，工程于 2001 年 8 月 1 日开工，计划 2001 年 12 月 1 日竣工，该工程进口导航设备由建设方负责采购，并将于 2001 年 10 月 1 日供货到现场。由于该机场距离港口路途遥远，进口设备按期运到现场开箱商检时发现，大部分设备包装已损坏，仪表着陆系统航向、下滑机柜和全向信标机柜均出现较严重的损毁，在保险公司同意赔偿后，建设方重新向国外厂家订购了设备，交货期是 2002 年 2 月 1 日。该施工单位于设备商检后的第 15 天，向监理工程师发出索赔意向通知。2001 年 11 月 2 日，施工单位又向监理工程师提出延长工期和补偿经济损失的索赔报告及有关资料，监理工程师核查索赔报告后批准了施工单位的索赔报告，并将结果通知施工单位，同时抄送建设方。

通过上面的案例可能看出，民航空管工程施工过程中施工单位的索赔要求成立必须同时具备四个条件：

（1）与合同相比较，已造成了实际的额外费用或工期损失。案例中施工单位按合同约定在 2001 年 12 月 1 日即可竣工的，由于新购买的导航设备要次年 2 月 1 日才能到货，施工单位将增加施工工期，同时现场租用的施工机械也要增加租用费。

（2）造成费用增加或工期损失的原因不属于施工单位的行为责任。进口导航设备是建设方采购的，在委托货运公司运往施工现场时发生损坏，不属于施工单位的责任。

（3）造成的费用增加或工期损失不是应该由施工单位承担的风险。

（4）施工单位在事发后的规定时间内提交了索赔的书面意向通知和索赔报告。提交索赔意向通知应在索赔事件发生的 28d 内提出，施工单位在商检完后的第 15d 提出意向通知，符合相关规定；在发出索赔意向通知后的 28d 内，应向工程师提出延长工期和补偿经济损失的索赔报告及有关资料，施工单位在发出索赔意向通知后的第 17d 向工程师提出的索赔报告和资料，因此，也符合索赔规定。

1.2.3 行业验收管理

根据民航总局《民用机场建设管理规定》（129 号令），空管工程经过建设单位组织的竣工验收后，并且飞行校验和试飞合格后，必须接受行业验收，行业验收程序如下：

（1）A 类工程、B 类工程的行业验收分别由项目法人向民航（总）局、所在地民航地区管理局提出申请。

（2）民航（总）局或民航地区管理局在收到项目法人的申请后 20d 内组织完成行业验收工作，并出具行业验收意见。

项目法人在申请运输机场工程行业验收时，应当报送以下材料：

（1）竣工验收报告。内容包括：1）工程项目建设过程及竣工验收工作概况；2）工程项目内容、规模、技术方案和措施、完成的主要工程量和安装设备等；3）资金到位及投资完成情况；4）竣工验收整改意见及整改工作完成情况；5）竣工验收结论；6）竣工验收项目一览表。

（2）飞行校验结果报告。

（3）试飞总结报告。

（4）设计、施工、监理、质监等单位的工作报告。

（5）环保、消防、劳动卫生等主管部门的验收合格意见或者准许使用意见。

（6）有关项目的联合试运转情况。

（7）有关批准文件。

行业验收的内容包括：

（1）工程质量是否符合国家和行业现行的有关标准及规范。

（2）工程主要设备的安装、调试及联合试运转情况。

（3）工程是否满足机场运行安全和生产使用需要。

（4）工程投产使用各项准备工作是否符合有关规定。

（5）工程档案收集、整理和归档情况。

1.2.4　资产交付、结算审计、工程保修管理

在行业验收合格后，施工单位在建设单位的组织下会同监理单位向使用单位进行资产移交，如果机场建设采用建管一家的模式，建设单位就是使用单位，则施工单位仅需向建设单位进行资产交付即可。

在资产交付前，施工单位应当按照施工合同、施工图设计文件，分专业编制单项工程资产交付明细表。进行移交时，应到设备安装现场，按照施工图设计文件标明的设备名称、规格型号、数量，比对实物进行逐项清点，建设单位、监理单位负责监督检查，使用单位应当派出通信、导航、航管、气象等各专业人员参加清点接收。

办理资产交付后，施工单位即可编制竣工结算书，准备完整的结算资料与建设单位办理结算审计工作。

通常应当向建设单位提交的结算资料包括：竣工图；工程招标文件、招标答疑纪要、中标单位投标文件及有关资料；施工合同（备案）及相应的补充协议；经批准的开工报告、工期延期联系单；设计变更、技术核定及图纸会审纪要；隐蔽工程验收资料；现场签证（索赔）单；工程重大问题处理会议记录、施工日记；经批准的施工组织设计或施工方案；建设期相应的工程计价依据及主要材料价格信息；经签证认可的材料、设备采购、租赁合同及相应的发票复印件；工程预算书、标底、投标报价表、竣工结算书；工程竣工验收资料；建设单位预付工程款、垫付工程款明细表、工程中间结算等工程价款支付情况。

目前结算工作基本流程是：施工单位上报工程结算书，监理单位初审后报送建设单位，建设单位委托中介机构（通常是造价咨询事务所等）进行第三方审计。审计结果经各方认可后，施工单位按照审计后的结算价与建设单位办理财务结算。

建设单位与各专业施工单位完成工程结算后，还要接受国家发改委或民航（总）局等相关部门组织的国家审计，施工单位应当积极配合建设单位，对国家审计时可能提出的问题作出解释和澄清。

空管工程经行业验收后，施工单位应做好售后服务，对保修期内因安装原因造成的设备故障承担保修责任，通常空管工程保修期为两年。

1.3　航站楼弱电工程项目管理

工程项目管理包括不同单位的项目管理，主要包括：业主的项目管理、设计方的项目管理、工程施工方的项目管理、供货方的项目管理等。这些不同单位项目管理的思想、方法是一致的，但其目标、任务和组织是不同的。

在大型工程项目中存在大量性质、特点不同的工程项目，如机场迁建、扩建项目就可以包括：飞行区项目、航站楼工程项目、空管工程项目等。航站楼工程项目又可以细分为土建工程、设备安装工程、电气安装工程、弱电工程等。这些不同的、具体的工程在工程项目管理均包括：施工安全管理、施工成本控制、施工进度控制、施工质量控制、施工合

同管理、与施工有关的组织与协调 6 个方面的内容；同时，在项目管理上又有着自身的特点。

航站楼弱电工程项目管理是工程项目管理在航站楼弱电项目上的具体运用。对航站楼弱电、信息系统工程项目管理，从项目管理的对象上划分，同样包括了业主、设计方、施工方、供货方等。从项目管理的概念上划分，也同样包括了项目管理的 6 个内容。项目管理这 6 个内容始终贯穿于整个项目过程中。从整个项目的开展角度来看，航站楼弱电工程项目管理又可以分解成以下几个阶段：

(1) 项目启动；

(2) 需求调研分析阶段；

(3) 系统深化设计阶段；

(4) 产品/材料的测试及检验；

(5) 产品的运输、到货开箱及仓储；

(6) 应用系统开发；

(7) 安装调试；

(8) 系统测试；

(9) 系统初验；

(10) 系统试运行；

(11) 系统验收；

(12) 系统质保期。

对于以上这些阶段，仅介绍项目启动、需求调研分析、系统深化设计、安装调试、系统测试这几个阶段。这几个阶段同其他工程项目管理比较而言，具有鲜明的特点。

1.3.1 项目启动阶段

每个项目都有启动阶段。航站楼楼弱电工程项目的正式启动，是在合同签订后，施工单位向监理单位提交开工申请，并获得监理单位的开工令。在这一阶段，施工单位需准备好项目管理进度计划、项目工作范围、项目组织和管理方案、质量管理手册等相关实施文档随同开工申请一同报送监理单位。监理单位根据所报材料审核后，向施工单位下发开工令。

这里需特别注意项目工作范围的界定和项目组织结构。工作范围的减小和增大都不利于整个项目的建设。项目工作范围应根据投标书和招标书相关内容进行确认。工作范围减少，会造成项目漏项，影响系统功能的完整，甚至影响工程验收。由于信息/弱电系统相互之间交叉工作内容较多，可能出现不同系统的工作范围重叠。这种情况的产生，主要的由于实施的项目同其他项目的工程界面没有划分清楚。而这种情况也会造成工作范围的减少。工作范围增大，对进度也会产生影响。为了保证进度，对于业主、施工方而言，均意味着成本的增加。

在项目组织结构方面，一个完善、稳定、健全的项目组织是保证项目顺利开展的有力保证。项目组织不稳定会对项目的实施带来严重的影响。特别是项目组织中的管理人员，如项目经理、项目技术负责人、项目协调员、系统测试负责人等的变动，更会为项目的正常实施带来意想不到的结果。项目组织对项目的影响，通过下面的案例进行分析。

案例：某机场航站楼项目工程，将在新航站楼内建设信息集成系统、离港系统、航显系统、内部通信指挥调度系统、公共广播系统、安防系统、泊位引导系统、楼控系统等航站楼信息/弱电系统项目。根据工程建设情况，业主对信息集成系统进行招标，最后一家国际知名公司(下面称为 A 公司)中标，成为信息集成系统的集成商。

A 公司很重视该项目的实施，派了经验丰富的人员组成了一个强大的项目组。项目组主要成员为：项目经理、协调员、系统分析师、系统架构师、系统测试负责人等。主要人员的语言为英语，不懂中文。

在项目启动阶段，一切顺利。在需求调研分析阶段，业主和集成商需对大量的功能、性能、业务流程处理等方面的内容进行沟通、确认。A 公司项目组主要人员只能用英语进行交流，这样在沟通协调上出现了困难。有时，一个简单技术问题需要花两三天时间进行交流。为了加强沟通，业主加派了能用英语进行良好交流的技术人员加入到业主的项目组中，对交流起到了一定的作用。但由于文化背景、语言表达方式的差异，对某些问题的交流一直不能达成共识。这个过程中，集成商项目经理同业主相关人员产生了较大的矛盾，业主也多次投诉到 A 公司上层，在这种情况下在进一步的工作已经不能继续开展下去，A 公司决定更换项目经理。这时，按照施工进度安排的时间已经有所延迟。新的项目经理到达现场后，花了一定的时间了解工程进度情况，缓和与业主的矛盾，对原项目组主要人员做了一定的调整，一些工作从头做起。整个需求调研阶段，原计划 4 个月时间，实际基本完成用了 7 个月。这一变动对项目的顺利完成造成了实质性的影响，该系统在航站楼项目竣工验收后，延后 1 年才通过验收。

1.3.2 需求调研分析阶段

该阶段为航站楼信息/弱电系统工程同其他项目相比特有的一个阶段。对于信息/弱电系统工程项目管理来说，是一个很重要的阶段。建成的系统能否达到业主的建设目标，同这个阶段的工作效果、工作结果也有很大的关系。

航站楼弱电(与信息)系统工程需求调研分析主要包括：功能需求、接口需求、性能需求、环境需求、开发进度需求等。这些需求需形成相关的文档，并获得相关单位、部门的确认，这些单位和部门包括业主和其他施工单位。如指挥部相关部门和机场相关业务部门对功能的确认；其他信息/弱电系统施工单位对接口的确认；指挥部、建筑、电气等施工单位对环境的确认；指挥部需对开发进度进行确认。

这些需求分析文档将成为系统开发、实施、测试、验收的主要依据。

这个阶段是贯穿在整个项目的。比较集中的工作体现在项目启动阶段完成后。在项目其他阶段也有需求调研分析的工作需要进行，甚至到系统安装测试完成后，也会有新的需求提出，施工方再根据需求对系统进行调整、完善。

1.3.3 系统深化设计

系统深化设计是在用户需求调研完成的基础上进行。由于弱电(与信息)系统不同厂家的产品有较大的差异，因此在具体实施阶段，需由施工单位根据中标的产品进行系统的深化设计。深化设计除需根据产品特点进行外，还要结合需求调研阶段的成果进行。

系统深化设计完成后，需提交深化设计技术方案说明书，详细的设备材料配置清单、深化设计图纸等。

深化设计技术方案说明书和深化设计图纸是根据设计单位技术文件和施工图进一步细化而来。这两者之间不应有实质性的改变。

1.3.4　安装调试

航站楼弱电(与信息)系统工程安装调试阶段是在设备产品到货后进行。设备安装涉及施工现场，是施工安全、施工成本、施工进度、施工质量、组织协调等方面集中的体现。

在施工安全方面，包括施工人员的安全和安装在现场的设备安全。

为保证人员安全，在施工现场应有照明、防护、围栏、警告标志和守护人员等。

现场安装好的设备、设施的安全主要是产品的现场保护。现场成品保护不仅包含系统自身的产品保护，还包括对其他项目已完成产品的保护。如安装时应注意装修完成的墙面、吊顶等；需注意其他已经安装好的桥架、管道、设备的保护。

1.3.5　系统测试

鉴于大型航站楼信息/弱电项目系统的复杂性和建设的复杂性，需要特别重视系统的测试工作。系统测试是保证信息/弱电系统一次性开通运行的有力保证。航站楼信息/弱电系统的测试包括实验室测试和现场测试，这也是与其他项目相比有特色的地方。其他工程项目，对于新技术、新材料也会有试验性研究。但航站楼弱电(与信息)项目的测试工作是一个系统、完整、统一实施的过程，是在机场信息集成系统集成商统一管理下进行。

信息/弱电系统的试验室测试是在系统还没有投入正式的生产环境时，对系统的性能、功能进行测试，提前发现系统的故障和缺陷。对于航站楼弱电(与信息)系统，试验室测试需完成系统本身的模拟测试和与其他系统之间的联调测试。本系统模拟测试主要测试内容包括功能测试、测试用例设计、压力测试、回归测试等。在完成系统自身测试后，还在并需在统一的集成模拟测试平台上进行系统模拟连接，进行接口模拟测试和认证。

实验室测试完成后，进行现场测试。现场测试首先是完成本系统测试，以及在不与其他系统连接的情况下测试。需测试的内容为功能测试、性能测试、故障恢复测试等。本系统测试完成后，才能进行系统联调测试。这样做有利于判断问题出现在什么地方，并加以解决。在联调测试中，一般应进行压力测试、可靠性测试、接口故障恢复测试等。

1.4　目视助航工程项目管理

1.4.1　目视助航工程项目

目视助航工程项目一般包括：
(1) 进近灯光系统工程；
(2) 跑道灯光系统工程；
(3) 滑行道灯光系统工程；
(4) 机坪供电与照明工程；
(5) 精密进近坡度指示灯；
(6) 机场灯标、障碍灯工程；
(7) 助航灯光供电系统工程；
(8) 助航灯光计算机监控系统；
(9) 助航灯光变电站及目视助航辅助设施等。

1.4.2　分项工程、重要工序的质量控制

(1) 目视助航灯光安装工程的分项工程中，按民用航空行业标准执行的有：灯具及标记牌安装工程、灯箱及灯盘安装工程、隔离变压器及熔断器安装工程、灯光电缆线路工

程、调光柜和计算机监控柜等安装工程。

例如：灯具及标记牌安装质量检测。

1）保证项目

灯具的朝向、发光颜色、易折件及灯泡规格型号必须符合施工规范和设计文件的要求，玻璃没有破裂，光学部件安装必须正确。

2）基本项目

合格标准：灯具及其支架完整清洁，防腐层完好，安装牢固端正，位置正确；灯具安装的水平度符合施工规范的要求；导线接线正确，接触良好，导线进出口密封完好；灯具的密封圈位置正确，密封性能良好。

优良标准：在合格的基础上，施工工艺良好，灯具表面清洁，内外干净明亮。

3）允许偏差项目（见《目视助航灯光安装工程质量评定标准》表2.3）

4）检测方法：尺量检查。

（2）设备材料供货质量的控制：

1）所有设备、材料、成品和半成品进场检验都应邀请监理师旁站，检查监督、记录。

2）主要设备、材料、成品和半成品进场检验结论应有记录，确认符合施工规范规定、设计要求才能在工程中安装使用。

3）材料送有资质试验室进行抽样检测，试验室应出具检测报告，确认符合相关技术标准方可使用。

4）进口电气设备、器具和材料进场验收，提供商检证明和中文的质量合格证明文件、规格、型号、性能检测报告以及中文的安装、使用、维修和试验要求等技术文件。

5）经批准的免检产品或认定的名牌产品，当进场验收时，做相关检测及记录。

6）调光器、高低压柜、变压器：查验合格证和随带技术文件，实行生产许可证和安全认证制度的产品，有许可证编号和安全认证标志。外观检查：有铭牌，柜内元器件无损坏丢失、接线无脱落、脱焊，配电柜箱体油漆涂层完整，无明显碰撞凹陷。

7）灯具：产品出厂资料齐全，发光方向、镜片颜色正确符合设计要求，灯泡为进口光源。

8）电线、电缆：按批查验合格证，合格证有生产许可证编号；外观检查：包装完好，抽检的电线绝缘层完整无损，厚度均匀。电缆无压扁、扭曲。耐热、阻燃的电线、电缆外护层有明显标识和制造厂标；按制造标准，现场抽样检测绝缘层厚度和圆形线芯的直径误差不大于标称直径的1%。

9）接地极、钢管：外观检查包括镀锌层覆盖完整、表面无锈斑，金具配件齐全，无砂眼；对镀锌质量有异议时，按批抽样送有资质的试验室检测。

10）电缆头部件及接线端子：电缆头型号规格必须符合设计要求，检查电缆插接头接线柱是否有氧化现象，所有接线柱长短是否一致，外表无划伤，插拔力应适中。

（3）重要工序一般来说有灯具的测量定位、电缆敷设及电缆头制作、设备安装、系统调试。具体施工质量检测如下：

1）助航灯光施工测量工作分为施工前的测量和施工过程的测量。施工前的测量工作主要进行控制点的合理面放及测量网的建立；灯具、标记牌、灯箱基础、各类电缆管道、沟槽等的放样。施工过程的测量工作包括每道工序前所进行的细部测设和放线；每道工序完成后应进行的施工质量检查、验收测量等。测量施工的好坏、精度的高低，对后续工程施工质量有直接影响。为了防止测量传递误差的增大，首先要采用严密的布控方法，高精度的测量仪器设备和严格的计算，布敷一些高精度的控制点，以保证整体的精度要求，再从这些点上布置一些控制网和支点。也就是要遵循：在测量布局上"由整体到布局"、在精度上"由高级到低级"、在程序上"先控制后碎部"的原则，这也是所有测量工作应遵守的最基本原则。

2）电缆敷设及电缆头制作

电缆敷设的关键在于做好前期准备工作：组织施工人员；编制电缆敷设施工方案；电缆型号、规格及长度与设计资料核对无误；对电缆进行外观检查和绝缘电阻试验，耐压试验及泄漏电流试验。试验结果满足规范要求；敷设电缆施工机具及施工用料已准备好，支架已搭设完毕，且符合安全要求。

电缆头制作是电缆敷设过程中重要的一环，它关系着整个回路的绝缘电阻值，做到电缆终端头芯线与插头、插座接触良好，抗拉及插拔力适中，电缆终端头、中间头防水密封性良好，电缆与电缆终端头接地线必须可靠连接，以上是确保今后供电回路绝缘达标的关键。

3）各种设备安装：遵循从检查设备安装条件是否成熟，制订安装工艺程序，安装后检查，到最后单机调试的原则。

4）系统调试：在各项分项工程经试验合格以后，应进行系统运行试验。试验时，各系统回路上不应有任何人在进行工作。在系统运行试验全部合格，并移交分路试验，市电总体运行试验和使用柴油发电机组总体运行试验的记录后，即可进行全系统的验收移交。系统运行试验按照分路调试和总体调试顺序进行。

（4）目视助航灯光系统串联供电回路绝缘电阻特殊要求：

由于目视助航灯光系工程中的供电回路绝大部分采用串联供电回路，每个回路中的灯具数量多，隔离变压器数量也多，相应电缆接头数量更多，在施工过程中，任何一个环节出现质量问题，将导致整个回路绝缘值较低，电流泄漏增大，如果产生多处安装制作质量问题，在使用过程中会产生多点接地造成部分灯光熄灭而影响飞机起降甚至有安全事故的发生。

导致灯光回路绝缘值过低有多方面原因，下面主要对施工过程中的人为质量控制和与绝缘情况密切相关的材料进行叙述，具体如下：

1）隔离变压器及灯箱的安装处理方法

所有采购到现场的隔离变压器必须经过严格的绝缘测试才能投入使用。隔离变压器的一次侧绝缘用 2500V 兆欧表测量，其绝缘值必须大于 2000MΩ；二次侧的绝缘用 500V 兆欧表测量，其绝缘电阻值必须大于 750MΩ。

在对灯光回路隔离变压器安装前，必须对灯光回路总体进行绝缘测试检查。在总体测试完毕后，要对灯光回路埋地的每一根灯光电缆进行绝缘检查，以防止由于电缆绝缘问题影响整个回路系统的绝缘质量。单芯电缆在绝缘测试时回路绝缘电阻必须控制在至少 50MΩ 以上，如低于 50MΩ，应检查该回路电缆接头及隔离变压器是否达到绝缘要求，对达不到绝缘要求的电缆接头进行重新制作，对不符合要求的隔离变压器进行更换，还不能满足回路绝缘要求的，应对该回路电缆进行全部或部分更换处理。

在安装隔离变压器时，隔离变压器接地端子与保护接地线应可靠连接；机场专用灯光电缆与隔离变压器的连接，应采用民航（总）局认定、具有民航设施生产许可证的厂家生产的专用连接器，连接器应牢固并做好接地，连接器不得有松动和渗水现象。在隔离变压器安装完成后，要对整个灯光回路进行绝缘电阻测量、直流耐压实验及泄漏电流测量。

在对灯箱堵漏灌环氧树脂时，不容许有环氧树脂不凝固或环氧树脂冒泡的现象，环氧树脂在底孔处的厚度一定要超过 30mm，侧孔环氧树脂的高度与灯箱环形碗齐平。对于灯箱内存在有进水现象的，一定要进行处理。

2）电缆头的制安

在绝缘改造过程中，电缆头的质量及制作至关重要，尤其是电缆头的制作，它将直接关系到回路绝缘值的高低。具体如下：

在灯光一次电缆头制作之前，先对灯光电缆绝缘值进行检测，不符合要求的不得投入使用。由于电缆头是所有回路电缆、变压器等的唯一连接处，也是主要的变动处，其相当于活关节，且数量多，电缆头绝缘值的高低将直接影响到整个回路绝缘值的高低，因此对电缆头的绝缘情况要严格要求。

其次在灯光一次电缆头制作时，其工艺是用电工刀剥去电缆端的护套层、半导体层及绝缘层，压接灯光接地线。连接电缆头并压接，进行绝缘带的包扎，热缩电缆头。应当注意的是在电缆头制安时，一定要公母配对，不能出现公公或母母形式。

1.4.3   进度控制与安全控制

1. 进度控制

（1）影响助航灯光系统工程进度的几个主要因素：施工人员的专业素质和施工经验、施工机械设备和设备的及时供应、施工组织设计及方案的合理性、施工管理措施到位。

（2）施工机械保证

施工中在保证安全的前提下。合理采用大中型施工、运输机械，合理调配各种机械的搭配数量，充分发挥机械的工作效率，缩短施工工期。

（3）施工人员保证

组建有素质的管理人员及专业技术人员组成的项目管理机构，全面负责工程的现场施工。同时，给予现场项目部最大的授权，以充分发挥项目全体人员的积极性和主观能动性。

（4）材料供应保证

提前对材料进行选型和采购，签订严格的供货合同，并且根据施工进度提前进场，完成检验，保证施工进度需要。

（5）施工管理措施保证

工程项目部施工技术人员深入施工现场第一线，及时发现问题，调解各施工班组在场地、机械、材料使用方面的矛盾，充分协调队与队之间的关系，保证施工顺利进行。

每周召开工程例会，检查生产任务完成情况，对存在的问题，责令责任人落实整改措施。

（6）施工技术措施保证

组织人员对施工图纸进行仔细审核，如发现问题，尽早提交解决。施工前编制详细可行的施工方案，力求方案先行、方案先进。并与相关操作层详细交底，使其充分领会施工技术要求，避免施工出现不必要的返工。

（7）施工进度计划保证

编制周、月及阶段性施工进度计划，狠抓落实，周保月、月保阶段、阶段保证总计划落实。发现计划与实际不符时，及时分析原因，确保施工进度计划的可行性和必行性。

2．安全控制

（1）参加施工作业人员必须坚持"安全第一，预防为主，综合治理"的方针，层层建立岗位责任制，遵守国家和企业的安全操作规程，在任何情况下不得违章操作或违章指挥；现场设专职安全检查员，班组兼职安全员，施工人员在作业时思想集中，无操作证人员不得从事特殊工种作业。

（2）项目经理要按规定对施工生产的安全责任制全面贯彻落实，查隐患、查漏洞、查麻痹思想，针对存在的安全问题及时进行整改并做好有关记录；现场工程师编制安全技术措施，并书面向班组施工人员交底，签字应齐全，施工班组每日进行实效安全教育并有安全活动记录。

（3）施工现场各种孔洞、危险场所都要设置围栏、盖板及安全技术标志，夜间要设红灯示警；各种防护措施、警告标志等未经施工负责人批准，不得移动或拆除。下班后及时清理好现场，做到人走场清。

（4）施工中可能会遭遇严寒酷暑、大风的气候，要随时注意天气预报，合理安排工作时间，做好现场施工人员劳动保护工作。

1.4.4 项目成本管理

1．项目成本管理的原则

工程项目成本控制是项目管理的主要工作，应遵循以下原则：

（1）以人为本、全员参与的原则

抓住本质，全面提高人的积极性和创造性，是搞好项目成本管理的前提。项目成本管理工作是一项系统工程，项目的进度管理、质量管理、安全管理、施工技术管理等一系列管理工作都关联到成本，必须让企业全体人员共同参与。

（2）目标分解、责任明确的原则

为明确各级各岗位的成本目标和责任，就必须进行指标分解。确定项目责任成本指标和成本降低率指标，要对工程成本进行目标分解。根据岗位、管理内容不同，把总目标进行层层分解，落实到每个人，通过每个指标的完成来保证总目标的实现。

（3）过程控制和系统控制的原则

项目成本由实施过程的各个环节的资源消耗形成。因此，项目成本的控制必须采用过程控制方法，分析每一个过程影响成本的因素，制订工作程序和控制程序，使之处于受控状态。项目成本形成每一个过程又与其他过程相互关联，一个过程成本的降低，可能会引起关联过程成本的提高。因此，项目成本管理必须遵循系统控制的原则，进行系统分析。

2．项目成本管理体系

项目成本管理体系是一个完整的有机体系，围绕着项目成本形成过程和成本目标，在成本预测、成本控制、信息流通体系中进行。

（1）成本预测体系

在企业经营整体目标指导下，通过成本预测、决策和计划确定目标成本。目标成本要具体分解到各部门、各项目以及实施各环节，形成明确的成本目标，层层落实，保证成本管理控制的具体实施。

（2）成本控制体系

围绕着工程项目，企业根据分解的成本目标，对成本形成的整个过程进行控制。根据各阶段成本信息的反馈，对成本目标的优化控制进行监督并及时纠正发生的偏差，使项目成本限制在计划目标范围内，以实现降低成本的目标。

（3）信息流通体系

信息流通体系是对成本形成过程中有关成本信息进行汇总、分析和处理的系统。要对成本形成过程中实际成本信息进行收集和反馈，及时、准确地反映成本管理控制中的情况。

3．项目成本管理的实施

（1）成本预测体系的实施

在项目投标中关键是标价的制定，既要准确计算出工程的直接费，又要计算出工程间接费，根据企业自身技术、资金条件及管理能力等估算企业管理费用；同时还要根据企业本身经营目标的整体策略、国家经济政策及以往工程的投标经验。

（2）成本控制体系的实施

成本管理保证体系对成本目标的控制，最终要落实到现场施工中，加强项目现场成本的有效控制，在施工中采用新技术、新工艺，提高劳动生产率，减少人工、材料的浪费和消耗，力求做到一次合格、优良，杜绝因质量原因而导致成本增加。采用现代管理方法，提高管理的工作效率，加强项目管理，减少管理费用，以降低工程成本。

1.4.5 招投标、合同管理

1．与产品有关要求的确定

包括业主规定的要求，交付及交付合同的要求，规定用途的要求，法律法规的要求等，施工作单位通过与业主沟通、合同评审、洽谈等各种方式进行。

2．与产品有关要求的评审

项目造价工程师为产品评审的主管人，协助施工单位对工程项目的招标文件、合同或口头订单进行评审。

依据评审结果对招标文件、合同进行修订，继而实施。当产品要求发生变更时，应进行合同修订评审，施工单位根据修订内容提出评审意见。

3．合同评审

工程实施过程中，由于图纸设计、工程规范、施工条件发生变化和当有特殊要求等导致合同发生变更或修改时，需对工程合同进行重新评审。

1.4.6 工程竣工结算管理

工程完成后，必须对该工程的所有财产和物质进行清理，对内部分包的施工结算，根据施工合同、各原始预算、设计图纸交底及会审纪要、设计变更、施工签证、竣工图、施工中发生的其他费用，进行认真审核，并重新核定各单位工程和单位工程造价。当与业主的竣工结算及内部分包单位的施工结算完成审查定案后，应按合同规定，及时收回工程款，加强资金管理，尽量减少企业资源和资金的占用，加快资金周转。工程结束后，认真总结，进行成本分析，计算节约或超支的数额并分析原因，吸取经验教训，以利于下一个工程施工造价的管理与控制。

1.4.7 信息与风险管理

1. 项目信息管理

工程项目的信息管理主要体现在竣工资料的收集上，具体按以下实施：

（1）交工资料的编制及交付

1）交工资料的编制及整理

交工资料由项目工程技术人员在施工过程中编制、收集，由项目资料员积累、保管、整理而成；竣工后，先由总工程师审核，再由项目部资料员整理，装订成册。

交工资料整理时做到分类科学、规格统一、便于查找、字迹清晰、图形规整、尺寸齐全、签章完整、没有漏项，且不得使用铅笔、一般圆珠笔和易褪色的墨水填写和绘制，便于工程归档。

2）竣工图的编制

在施工中无重大变更的图纸，由项目技术人员将修改的内容改在原蓝图上，并在蓝图醒目处（如右上角）汇总标出变更单号，加盖竣工图章。

对于因重大修改，需重新绘制施工图时，必须在得到建设单位确认后再由项目技术人员负责绘制，并在此图的右上角注明原图编号，经有关单位审核无误后，加盖竣工图章。

所有竣工图都必须经项目总工程师审核，重新绘制的施工图还必须有设计代表签章。

3）交工资料交付

在办完工程交工手续后，项目部两个月内向建设单位提交装订成册的全套交工资料，并办理交接手续。

竣工图纸也同时交付建设单位。资料移交负责人为项目总工程师，资料移交人为项目资料员。

（2）工程建设档案管理

交工资料的整理交付按照国家档案有关规定，以及建设单位、监理单位、当地档案部门的要求执行。

2. 项目风险管理

项目风险管理是为了到达一个工程项目的既定目标，而对该组织所承担的各种风险进行管理的系统过程，其采取的方法应符合公众利益、人身安全、环境保护以及有关的法律法规的要求。

2 民航机场工程技术

2.1 场道工程

2.1.1 土方施工工艺

1. 施工准备

(1) 土工试验：对填、挖方施工尤其是填方前，将施工区域内各类土壤做土工击实试验，测定出最大干密度和最佳含水量，作为土方密实质量控制依据。

(2) 测量仪器校核和测量控制桩布设。

(3) 试施工：按照不同区域压实度的要求，进行土方碾压的试施工，确定各类土方每层虚铺厚度和不同型号压路机的碾压次数。试施工将根据现场情况，选定 50m×10m 一段进行，施工成果经检验后符合设计要求并经业主和监理工程师签字认可后，作为现场控制土方施工的依据。

2. 场地清理

(1) 在场地清理前，施工单位应会同监理等单位进行原地表测量。在技术交底后，根据进度安排，按照监理工程师要求的深度和范围，分期分批进行场地清理工作。

(2) 排除土方施工区域的积水，以免施工过程中妨碍施工，影响工程质量。

(3) 用推土机清除土方施工区域的草皮腐殖土及农作物秸秆等废弃物，每间隔 100m 推成一堆，运到业主指定的地点。

(4) 场地清理后，测量员将以 10m×10m 方格网重测土面标高，并将填挖断面和土方调配图提交监理工程师核签后，方可进行土方挖填。

3. 土方开挖

(1) 土方开挖前，为确保不破坏地下埋设物，在施工区域挖一道宽 60cm、深 1.2m 的封闭式探沟，待探明作业区地下埋设物的基本情况，经指挥部、监理部确定后再进行机械挖土作业。

(2) 土(石)方开挖时，对计划用在土面区的植物土和其他表土应存放在指定地点。不同类别的土壤应分别堆放。

(3) 土方开挖应自上而下进行，不得乱挖、超挖，严禁掏洞取土。

(4) 土方开挖如遇特殊土质时，应报请监理工程师和设计部门提出处理方案。

(5) 对挖方地区的暗坑、暗穴、暗沟、暗井等不良地质体，应按设计要求进行妥善处理。土方挖至接近设计高程时，应对高程加强测量检查，并根据土质情况预留压(夯)实沉降值，避免超挖。

(6) 挖方过程中如遇地下水应采取排水措施；挖土时应避免挖方段地面积水。

4. 填方施工

(1) 土基填方前应对原地面进行平整、压(夯)实，达到设计要求的密度后，方允许在其上填筑。

（2）土基基底原状土的土质不符合设计要求时，应进行换填，换填深度应不小于30cm，并应按要求的密度予以分层压实。

（3）土基填料不得使用淤泥、沼泽土、白垩土、冻土、有机土、含草皮土、生活垃圾、树根和含有腐朽物质的土。采用盐渍土、黄土、膨胀土填筑土基时，应按设计要求施工。

（4）用透水性不良的土填筑土基时，应控制其含水量在最佳压实含水量的±2%以内。

（5）土基填土宜采用同类土，至少要求各层填土用同类的土，不得将不同土壤混填，同时应将透水性强的土壤填在上层。

（6）土基填筑应分层填筑、分层压（夯）实。

（7）用装载机、自卸车、推土机及挖掘机等运填土时，应有专人指挥卸土位置、分层厚度、土壤分类，并配备推土机或平地机平土，以保证填土均匀。

（8）填方分几个作业段施工时，两段交接处如不在同一时间填筑，则先填地段应按1：1坡度分层预留台阶；若两个地段同时填筑，则应分层相互交叠衔接，其搭接长度不得小于2m。两段施工面高差不得大于2m。

（9）填筑接近设计高程时，应对高程加强测量检查。

（10）为保证土基表面平整，在已竣工的土基上，不允许施工机械在其上行驶；雨后湿软，禁止任何车辆和行人通行。

5. 土方平整碾压

（1）对分层填筑的土方，首先用推土机进行粗平，然后用平地机配合人工进行精平，再分层压实。

（2）土方压实过程中，应按照设计要求，严格控制土壤含水量和密实度。

（3）碾压工作一般是先用轻型后用重型机具，先慢后快。每次运行碾压机具应两侧向中央进行。压实时应特别注意避免引起不均匀沉陷。

（4）电缆沟、排水沟和小坑塘的填土，当不能用大型机械碾压时，可用小型机械或人工分层夯实，并应在整个深度内均匀地达到要求的密实度，同时应注意不得损坏下埋的构筑物和电缆。

（5）挖方区的设计面、填方区的原地面及各层填土的密实度，需经试验室取样试验合格后才允许进行上一层的施工。

（6）施工中应防止出现翻浆或弹簧土现象，特别是在雨期施工时，应集中力量分段突击填土碾压。填土应加强临时排水设施。

2.1.2 水泥稳定碎石基础施工工艺

水泥稳定碎石混合料采用强制式拌合机集中拌合，施工时的最低气温不应低于5℃。7d无侧限抗压强度和压实度应满足设计规范要求。

1. 混合料的拌合

水泥稳定碎石混合料采用强制式拌合机集中拌合，骨料、结合料和水按每罐配比，分别计量进入搅拌机并拌合，前一罐拌合均匀后，再拌下一罐。

2. 放线与定位

根据平面及高程控制桩，在混合料摊铺前，完成测量方格网的布设，打桩挂线，间距不大于10m×10m。

3. 摊铺

根据水泥稳定碎石基础的摊铺厚度和虚铺系数，准确定出各施工层的控制标高，避免出现薄层贴补的现象。同时，边缘处摊铺要严格按照设计要求。

4. 碾压

当混合料摊铺一定量时立即进行碾压。碾压时重叠 1/2 轮宽，后轮超过两段的接缝处。后轮压完道面全宽时为一遍，一般需要 6～8 遍，碾压速度，先慢后快（一般头两遍 1.5～1.7km/h，以后逐渐增加到 2.0～2.5km/h），先静压稳定，后振动密实，最后赶光，现场试验员跟踪检测，及时反馈试验数据，直到达到设计要求的密实度为止。

5. 养护

每一施工段碾压完成并经检查密实度合格后，立即开始养护，养护期为 7d。养护宜采取湿治养护，在整个养护期间保持湿润状态，不应忽干忽湿。养护期间应限制重型车辆在基层上行驶。养护期后临时在基层上开放交通作为通道时，应采取保护措施。

6. 接缝的设置与处理

摊铺水泥稳定碎石混合料不宜中断，如因故中断时间超过 2h，需要设置横向接缝。设置横向接缝时，人工将末端含水量合适的混合料修整整齐，用压路机将混合料碾压密实。在重新摊铺混合料之前，将横缝处清理干净。纵缝必须垂直相接，严禁斜接。

7. 水泥稳定碎石基层的雨期施工

在雨期施工时，应注意天气变化，降雨时应停止施工，对已经摊铺的混合料尽快碾压密实。施工顺序为由高向低，避免作业区域雨后积水。

2.1.3 水泥混凝土施工工艺

1. 前期准备工作

（1）配合比设计

混凝土配合比，应按设计要求保证混凝土的设计强度、耐磨、耐久和混合料和易性的要求，在冰冻地区还应满足抗冻性的要求。

混凝土配合比，应根据水灰比与强度关系曲线及经验数据进行计算和试配确定。配合比设计应按抗折强度控制。水泥混凝土道面面层强度应以 28 天龄期的抗折强度为标准。

（2）施工测量

混凝土施工前应对平面、高程控制点进行复测，合格后方能作为施工测量的依据。

平面控制与高程控制测量应符合下列要求：

1）平面控制与高程控制网的布设，应以已知控制点为起点。

2）各项工程控制网施测，应布设为闭合线路。

测量精度应符合规范及设计要求。

（3）试验段施工

水泥混凝土道面面层在施工前，必须铺筑试验段。通过试验段应确定如下内容：

1）水泥混凝土混合料搅拌工艺：检验砂、石、水泥及用水量的计量控制情况，每盘混合料搅拌时间，混合料均匀性等。

2）混合料的运输：检验路况是否良好，混合料有无离析现象，运到铺筑现场所需时间，失水控制情况。

3）混凝土混合料的铺筑：确定混合料铺筑预留振实的坍落度，检验振捣器功率及振实混合料所需时间，检查混合料整平及做面工艺，确定拉毛、养护、拆模及切缝最佳时间等。

4）测定混凝土强度增长情况，检验抗折强度是否符合设计要求及施工配合比是否合理。

5）检验施工组织方式、机具和人员配备以及管理体系。

6）根据现场混合料生产量制定施工进度计划。

在试验段铺筑过程中，应做好各项记录，对试验段的施工工艺、技术指标应认真检查是否达到设计要求，如某项指标未达到设计要求，应分析原因进行必要的调整，直至各项指标均符合设计要求为止。

施工单位应对试验情况写出总结报告，经监理工程师批准后方能正式施工。

（4）模板制作、安装

1）模板主要使用钢模板，钢模板采用5mm钢板机械冲压而成，成型后形成阴企口，成型的混凝土为阳企口。

2）模板应支立准确、稳固、接头紧密平顺、不得有前后错槎和高低不平等。

混凝土混合料铺筑前，应对模板的平面位置、高程等进行复测；检查模板支撑稳固情况、模板企口是否对齐。在混凝土铺筑过程中，应设专人跟班检查，如发现模板变形及有垂直和水平位移等情况，应及时纠正。

2. 混凝土的拌合

混凝土混合料必须采用搅拌机进行搅拌，并宜采用双卧轴强制式搅拌机。

投入搅拌机每盘混合料的数量应按混凝土施工配合比和搅拌机容量计算确定，并应符合下列要求：

（1）投入搅拌机中的砂、石料、水泥及水应准确称量，每台班前检测一次称量的准确度。应采用装置有电脑控制混合料重量、有独立控制操作室、配有计算机自动系统和逐盘打印记录的设施。

（2）混凝土混合料应按重量比计算配比。

（3）用水量应严格控制。施工单位工地试验室应根据天气变化情况及时测定砂、石料中含水量变化情况，及时调整用水量和砂、石料数量。

（4）每台班搅拌首盘混合料时，应增加适量水泥及相应的水与砂，并适当延长搅拌时间。

采用散装水泥时如水泥温度较高，应先将水泥储存在储存仓内，待其温度降低到30℃以下才能使用。

3. 混凝土的运输

运输混凝土混合料宜采用自卸机动车，并以最短时间运到铺筑地段。运输过程中应符合下列规定：

（1）装混合料的容器应清洗干净，不漏浆。

（2）混合料从搅拌站运至铺筑现场期间应保持水分，必要时应加盖。

（3）运输道路路况应良好，避免运料车剧烈颠簸致使混合料产生离析现象。不得采用已明显离析的混凝土混合料。

（4）混凝土搅拌机出料口的卸料高度以及铺筑时自卸机动车卸料高度均不应超

过 1.5m。

4. 混凝土的铺筑

（1）混合料铺筑前，应对下述各项进行检查：1）基层或找平层应密实、平整，并应予湿润，高程符合设计要求。2）模板的支立应符合要求。3）应备有充分的防雨、防晒和防风设施，对容易发生故障的机具应有备件。

（2）混凝土混合料从搅拌机出料后，运至铺筑地点进行摊铺、振捣、做面（不包括拉毛）允许的最长时间，由工地试验室根据混凝土初凝时间及施工时的气温确定，应符合表 2.1-1 规定。

混凝土混合料从搅拌机出料至做面的允许的最长时间   表 2.1-1

施工气温（℃）	出料至做面允许的最长时间（min）
5～<10	120
10～<20	90
20～<30	75
30～<35	60

（3）混合料的摊铺，应符合下列规定：

1）混合料的摊铺厚度应按所采用的振捣机具的有效影响深度确定。采用自行式高频振实机，可按混凝土板全厚一次摊铺。

2）混合料的摊铺厚度应预留振实的坍落度，坍落度值在现场试验确定，一般按混凝土板厚的 10%～15% 预留。

3）混凝土混合料的摊铺应与振捣配合进行。

4）摊铺混合料时所用工具和操作方法应防止混合料产生离析现象。

5）摊铺填档混凝土的时间，应按两侧混凝土面层最晚铺筑的时间算起，其最早时间应不小于表 2.1-2 的规定。

铺筑填档混凝土的最早时间   表 2.1-2

昼夜平均气温（℃）	铺筑填档混凝土的最早时间（d）
5～<10	6
10～<15	5
15～<20	4
20～<25	3
≥25	2

6）铺筑填档混凝土混合料时，对两侧已铺好的混凝土面层的边部及表面应采取保护措施，防止损坏及粘浆。

（4）混合料的振捣，应符合下列规定：

1）混合料的振捣，若采用平板振捣器时，平板振捣器底盘尺寸应与其功率相匹配。混凝土板的边角、企口接缝部位及埋设有钢筋网部位，宜采用插入式振捣器进行辅助振捣。

2）振捣器的功率应根据混凝土混合料的摊铺厚度选用。

3）振捣器在每一位置的振捣时间，应以混合料停止下沉、不再冒气泡并表面呈现泛浆为准。

4）平板振捣器的振捣，应逐板逐行循序进行，每次移位其纵横向各应重叠 5～10cm；不能拖振、斜振；平板振捣器应距模板 5～10cm。

5）采用低频插入式振捣器进行辅助振捣时，振捣棒应快速插入慢慢提起，每棒移动距离应不大于其作用半径的 1.5 倍，其与模板距离应小于振捣器作用半径的 0.5 倍，并应避免碰坏模板、传力杆、拉杆、钢筋网等。

6）振捣过程中，应辅以人工找平，并随时检查模板有无下沉、变形、移位或松动，及时纠正。

（5）混合料的整平、做面应符合下列规定：

1）整平：对经过振捣器振实的混凝土表面，应用全幅式振动行夯在混凝土表面上缓慢移动，往返振平。

2）揉浆：经行夯振动平整后，再用特制钢滚筒来回滚运揉浆，同时应检查模板的位置与高程。

3）找平：混合料表面经行夯、钢滚筒平整揉浆后，在混合料仍处于塑性状态时，应用长度不小于 3m 的直尺测试表面的平整度。

4）做面：混凝土表面抹面的遍数宜不小于三遍，将小石、砂压入板面，消除砂眼及板面残留的各种不平整的痕迹。做面时严禁在混凝土表面上洒水或撒干水泥。

5）拉毛：做面工序完成后，应按照设计对道面表面平均纹理深度的要求，适时将混凝土表面拉毛，拉毛纹理应垂直于道面的中线或纵向施工缝。

5. 拆模

（1）拆模时不得损坏混凝土道面的边角、企口。混凝土道面成型后最早拆模时间应符合表 2.1-3 规定。

<table>
<tr><td colspan="2" align="center">混凝土道面成型后最早拆模时间　　　　　　　　　　表 2.1-3</td></tr>
<tr><td align="center">昼夜平均气温（℃）</td><td align="center">混凝土道面成型后最早拆模时间（h）</td></tr>
<tr><td align="center">5～＜10</td><td align="center">72</td></tr>
<tr><td align="center">10～＜15</td><td align="center">54</td></tr>
<tr><td align="center">15～＜20</td><td align="center">36</td></tr>
<tr><td align="center">20～＜25</td><td align="center">24</td></tr>
<tr><td align="center">25～＜30</td><td align="center">18</td></tr>
<tr><td align="center">≥30</td><td align="center">12</td></tr>
</table>

（2）设置拉杆缝的模板，拆模前应先调直拉杆，并将模板孔眼空隙里的水泥灰浆清除干净。

（3）拆模后，应按设计要求及时均匀涂刷沥青予以养护，不得露白。

6. 养护

混凝土道面面层终凝后，应及时进行养护。养护宜采用湿治养护并应符合下列规定：

（1）养护材料宜选用保温、保湿以及对混凝土无腐蚀的材料。当混凝土表面有一定硬度（用手指轻压道面不显痕迹）时，应立即将养护材料覆盖于混凝土表面上，并及时均匀洒水以保持养护材料经常处于潮湿状态。养护期间应防止混凝土表面露白。

（2）养护时间应根据混凝土强度增长情况而定，但不得少于 14d。养护期满后方可清除覆盖物。

（3）混凝土在养护期间，禁止车辆在其上通行。

7. 水泥混凝土道面面层接缝作业

（1）道面面层接缝主要类别和施工的要求是：

1）企口缝：企口缝用插入式振捣器将企口部位的混凝土混合料振捣密实，不允许出现蜂窝、麻面现象，并防止插入式振捣器损坏已浇筑的企口缝。拆模时保护好企口的完整性。

2）道面传力杆平缝：即施工缝，与纵缝相垂直，并避免设在同一断面上。

3）假缝：待混凝土达到一定强度并且在板中不致产生不均匀收缩裂缝前，在设计的接缝位置上，用切缝机在混凝土表面上切割规定尺寸的缝，下面混凝土自然断裂而形成断裂面不规则、相互龆合的假缝。

4）拉杆缝：拉杆应垂直于混凝土板的中线、平行于道面表面并位于板厚的中央。在铺浆、振捣混合料过程中，应随时注意校正拉杆位置。

（2）切缝作业：

1）为防止混凝土板产生不规则的收缩裂缝，应及时切缝。

2）混凝土的纵、横向缩缝应用切缝机切割，切缝深度和宽度应符合设计要求。

3）切割纵、横缝时，应精确确定缝位。纵缝应按已形成的施工缝切割，避免形成双缝；切割横缝时应注意相邻板缝位置的连接，不得错缝，保持直线。

4）切缝后应立即将浆液冲洗干净，并应用填塞物将缝槽填满，防止砂石或其他杂物落入缝内。

（3）嵌缝作业：

1）嵌缝时间：原则上越早越好，最好在完成切缝、养生后进行嵌缝。

2）清缝：清缝的好坏直接影响嵌缝的质量，因此，应认真、仔细地做好这一工作。

3）填嵌缝料：填嵌缝料应在正常温度条件下进行，并要求灌缝器能保温，当气温低于 20℃以下进行嵌缝时，应当用喷灯对混凝土缝加温、边加温、边嵌缝。填缝料采用聚氨酯，垫条为 10mm 的泡沫塑料条。

4）嵌缝一般是采用灌压法，系用特制的保温灌缝器将温度和稠度都合适的嵌缝料，从缝的较高处灌起，逐渐向低处快速移动流灌，嵌缝最好一次成活。其嵌缝高度应符合设计要求。

5）嵌缝料嵌好后应饱满、密实，缝面整齐。

8. 加筋混凝土板及钢筋补强

（1）钢筋表面不得有降低粘结力的污物。

（2）单层钢筋网的位置应符合设计要求，在底部混凝土混合料铺筑振捣找平后直接安设。钢筋网片就位稳定后，方可在其上铺筑上部混凝土混合料。

（3）双层钢筋网，对于厚度小于 22cm 的道面，上下两层钢筋网可事先以架立钢筋扎成骨架后一次安放就位；厚度大于 22cm 的道面，上下两层钢筋网宜分两次安放，下层钢筋网片可用预制水泥小块铺垫，垫块间距应不大于 80cm，将钢筋网安放其上，上层钢筋网待混合料摊铺找平振实至钢筋网设计高度后安装，再继续其他工序作业。

（4）钢筋网片质量标准，应符合表 2.1-4 的规定。

钢筋网片及边、角钢筋的质量标准　　　　　　　　　表 2.1-4

项目	最大允许偏差(mm)	检查方法	检查数量
网的长度与宽度	±10	用尺量	按板总数 1/5 抽查
网的方格间距	±10	用尺量	
保护层厚度	±5	用尺量	

2.1.4　沥青混凝土施工工艺

1. 前期准备工作

（1）测量放线

施工前首先进行基层标高复测，经监理工程师认可合格后方可进行沥青混凝土施工。

试验段施工过程中反复跟踪测量，确定出虚铺系数，指导以后施工。正式施工采用摊铺机连续施工。施工时根据实际情况设置导轨长度，根据基层的设计标高及虚铺系数准确测定导轨高程，严格控制标高，避免出现薄层贴补。

摊铺过程中随时检测碾压后的基层顶面，根据检测结果及时调整导轨高程。

（2）试验段铺筑

沥青混凝土道面在施工前，必须铺筑试验段。

试验段铺筑位置与面积大小应根据试验目的并经甲方批准后确定。

铺筑试验段应验证确定下列内容：

1）拌合机上料速度、拌合数量与时间、拌合温度等操作工艺。

2）粘层乳化沥青的用量、挥发时间、喷洒方式、喷洒温度；摊铺机的组合、摊铺温度、速度、宽度、自动找平方式等操作工艺；压路机的碾压组合顺序、碾压速度、碾压温度控制、达到设计要求压实度的遍数等压实工艺以及确定松铺系数、接缝、接坡等操作方法。

3）沥青混合料施工配合比设计结果，提出生产用的矿料配比和沥青用量。

4）沥青混凝土混合料的压实度。

5）检查施工组织方式、方法及管理体系、人员、通信指挥方式。

6）施工作业段的长度，指定施工进度计划以及安全措施等。

7）沥青（改性）添加剂的种类与用量。

8）当在原道面上加铺沥青混凝土混合料，特别是在不停航条件下施工时，应验证铣刨机的速度及接缝、接坡的铣刨宽度等。

根据试验段的结果，写出详细总结报告，报经甲方批准后，再进行正式施工。

2. 透层油、粘层油施工

透层沥青油采用慢裂的洒布型乳化沥青，透层所用沥青应与道面所用沥青的种类和标号相同。粘层沥青宜采用快裂的洒布型乳化沥青，粘层所用沥青应与道面所用沥青的种类和标号相同。透层油、粘层油施工时采用沥青洒布车喷洒，在沥青洒布机喷不到的地方采用手工洒布机。喷洒超量或漏洒或少洒的地方应予纠正。

3. 土工布施工

土工布采用沥青路面专用的聚酯长丝针刺无纺烧毛土工布。铺设的土工布应平整且与透层油粘结牢固，不得起褶皱，不得脱空。

4. 沥青混凝土混合料运输与摊铺

（1）运输沥青混凝土混合料的车辆，采用较大吨位的自卸汽车。车内应清扫干净，车厢底板及四周涂抹一薄层油水混合液（柴油与水的比例可为1：3），但应防止油水混合液积聚在底板上。

（2）拌合机向运料车上卸料时，每卸一半混合料应挪动汽车位置，注意卸料高度，以防止粗细骨料离析。

（3）运料车备有篷布覆盖设施，以保温、防雨、防风及防治污染环境。

（4）混合料运输车的数量应与拌合能力、摊铺速度相匹配，以保证连续施工。开始摊铺时，在施工现场等候的卸料车的数量根据运输距离而定。对改性沥青混凝土混合料，不宜过早装车，以防结块成团。

（5）混合料运至摊铺地点后，由专人接收运料单，并检查温度与拌合质量。与规范中规定的温度（表2.1-5）不符合、结成团块或遭雨淋的混合料禁止使用。

沥青混合料施工温度

表 2.1-5

沥青种类		石油沥青	
沥青标号		AB-50 AB-70 AB-90	AB-110 AB-130
沥青加热温度		150～170℃	140～160℃
间歇式沥青拌合机矿料加热温度		比沥青加热温度高10～20℃（填料不加热）	
沥青混合料出厂正常温度		140～165℃	125～160℃
混合料运输到现场温度不低于		120℃	
摊铺温度	正常施工 不低于	110℃	
碾压温度	正常施工 不低于	110℃	
碾压终了温度	钢轮压路机 不低于	70℃	
	轮胎压路机 不低于	80℃	
	振动压路机 不低于	65℃	
道面开放使用温度不大于		50℃	

（6）混合料的摊铺用履带自行式摊铺机。摊铺前先调整幅宽，检查刮平板与幅宽是否一致，高度（按松铺系数）是否符合要求。刮平板和振动器底部应涂油以防粘结，熨平板应预先加热。

（7）为减少纵向施工冷接缝，保证平整度，采用多台摊铺机成梯队连续作业。相邻两幅的摊铺宽度宜搭叠5～10cm，两相邻摊铺机间距不宜超过15m，以免距离过远，造成前面摊铺的沥青混合料冷却。

（8）摊铺机摊铺混合料后，用3m直尺及时随机检查平整度。特别是摊铺改性沥青混凝土混合料，应尽量一次成型，不宜反复修补。

（9）混合料必须缓慢、均匀、连续不断地摊铺。摊铺速度应小于5m/min，摊铺过程中不得中途停顿或随意变换速度。摊铺机螺旋送料器应不停顿地转动，两侧应保持有不少于送料器高度2/3的混合料，以防止摊铺机全宽度断面上发生离析。

（10）根据摊铺厚度、幅宽、拌合机生产能力、运输车辆、碾压设备等因素确定每班摊铺工作段长度。施工中因气候原因停止摊铺而未及时压实部分，应全部清除重新更换新料摊铺。

（11）在摊铺过程中，运料车应在摊铺机前 10～30cm 处停放，不得撞击摊铺机。卸料过程中，运料车应挂空档，靠摊铺机推动缓慢前进。

（12）施工时当气温低于 10℃时，不宜摊铺混合料。下雨或基础潮湿时，不得摊铺沥青混合料。

5. 压实

（1）混合料的分层压实厚度根据骨料粒径及压实机械性能确定，但不得大于 10cm。压实度应符合设计规定。

（2）压路机的类型与数量，根据碾压效率决定，可采用 6～8t 两轮轻型压路机、6～14t 振动式压路机、12～20t 或 20～25t 的轮胎式压路机。

（3）压路机的碾压速度应按表 2.1-6 规定严格控制。

压路机的碾压速度（单位：km/h）　　　　　　　　　　表 2.1-6

压路机类型	初压		复压		终压	
	适宜	最大	适宜	最大	适宜	最大
钢轮式压路机	1.5～2	3	2.5～3.5	5	2.5～3.5	5
轮胎式压路机	—	—	3.5～4.5	8	4～6	8
振动式压路机	1.5～2（静压）	5（静压）	4～5（静压）	4～6（静压）	2～3（静压）	5（静压）

（4）初压应符合下列要求：

1）初压在混合料摊铺后及时进行，不得产生推移、发裂现象。

2）压路机从外侧向中心碾压。

3）压路机碾压时，将驱动轮面向摊铺机，碾压路线及方向不应突然改变而导致混合料产生推移。压路机启动、停止，必须缓慢进行。

4）初压采用轻型钢轮式压路机碾压 2 遍，其线压力不小于 350N/cm。初压后立即用 3m 直尺检查平整度，不符合设计要求时，予以适当修补与处理。

（5）复压紧接在初压后进行，应符合下列要求：

1）复压采用振动压路机。

2）振动压路机倒车时应停止振动；向另一方向运行时再开始振动，以避免混合料形成鼓包起拱。

（6）终压应紧接在复压后进行，压路机选用钢轮式或关闭振动的振动压路机碾压，不宜少于两遍，至无轮迹。

（7）严格控制碾压过程中的混合料温度，指派专人负责监测。

（8）压路机的碾压段长度与混合料摊铺速度应相匹配。压路机每次由两端折回的位置应阶梯形地随摊铺机向前推进，使折回处不在同一横断面上。在摊铺机连续摊铺的过程中，压路机不得随意中途停顿。

（9）压路机碾压过程中出现混合料粘轮现象时，可向碾压轮洒少量清水或加洗衣粉的水，严禁在轮上洒柴油。在连续碾压一段时间轮胎已发热后，即应停止向轮胎洒水。轮胎压路机不宜洒水。

（10）压路机不得在未碾压成型的道面上转向、调头或停车等候。振动压路机在已成型的道面上行驶时应关闭振动。

（11）在碾压成型尚未冷却的沥青混合料层面上，不得停放任何机械设备或车辆、不得散落矿料、油料等杂物。

6. 接缝与接坡

（1）纵向接缝应符合下列要求：

1）沥青混凝土道面的纵缝，宜沿跑道、滑行道的中心线向两侧设置。

2）采用梯队作业摊铺的纵缝应采用热接缝。

3）当不能采用热接缝时，宜用切缝机将缝边切齐或刨齐，清除碎屑，吹干水分。切缝断面要垂直，纵向要成直线（上面层中间纵缝应位于道面的中线），垂直面应涂刷粘层油。

（2）横向接缝应符合下列要求：

1）横向相邻两幅的横缝及道面各分层间（上、中、下面层）的横向接缝均应错位 1m 以上。铺筑接缝时，可在已压实部分上面铺设一些热混合料（碾压前应铲除），使之预热软化，以加强新老道面接缝处的粘接。

2）在道面的上面层应做成垂直的平接缝，中、下面层可采用斜接缝。

3）接缝处应用 3m 直尺检查平整度，当不符合要求时，应在混合料尚未冷却前及时处理。

4）横向接缝处应先用钢轮或双轮压路机进行横向碾压。

5）当相邻已有成型铺幅并且又是相连接地段时，应先碾压相邻纵向接缝，然后再碾压横向接缝，最后进行正常的纵向碾压。

（3）在道面的中、下面层的横向接缝为斜接缝时，搭接长度宜为 0.4～0.8m。搭接处应清扫干净并洒粘层油。

（4）在原道面上加铺沥青混凝土面层时，与原道面相接处可做成接坡。

7. 改性沥青混凝土混合料

（1）改性沥青混凝土混合料拌合、运输、摊铺、压实等施工要求与普通沥青混凝土混合料施工要求一致，特殊情况应通过试验另行规定。

（2）改性沥青混凝土混合料的施工温度，宜在普通沥青混凝土混合料施工温度的基础上提高 10～20℃，特殊情况应通过试验确定。

8. 外观要求

（1）表面平整、密实，无泛油、松散、裂缝、粗细料集中等现象。

（2）表面无明显碾压轮迹。

（3）接缝紧密、平顺，烫缝不应枯焦。

（4）面层与其他构筑物衔接平顺，无积水现象。

（5）沥青表面的水要排除到路面范围之外，路面无积水。

2.2 空管工程

2.2.1 新航行系统

1. 概述

在国际民航缔约国中最重要的宗旨之一就是"安全、维护空中交通秩序和加速空中交通活动"。几十年来，各国不遗余力地为实现这一目标而奋斗，用于航空运输的先进技术、方法和设备层出不穷。新航行系统以新的体系方式对空中交通产生着深刻的影响。

（1）新航行系统的产生

ICAO 基于对未来商务交通量增长和应用需求的预测，为解决现行航行系统在未来航空运输中的安全、容量和效率不足问题，1983 年提出在飞机、空间和地面设施三个环境中利用由卫星和数字信息提供的先进通信(C)、导航(N)和监视(S)技术。由于当时有些系统设备仍在研制中，尚不具备所需运行条件，ICAO 将该建议称为未来航行系统(FANS)方案。

随着各种可用 CNS 技术的日臻成熟，人们愈加注重由新系统产生的效益，同时认识到在实现全球安全有效航空运输目标上，空中交通管理(ATM)是使 CNS 互相关联、综合利用的关键。ATM 的运行水平成为体现先进 CNS 系统技术的焦点。基于这一发展新航行系统的思想，1993～1994 年间，ICAO 将 FANS 更名为 CNS/ATM 系统。有关系统实施规划、推荐标准和建议措施等指导性材料的制定进一步加速了新航行系统的实施。1998年，ICAO 全体大会再次修订了全球 CNS/ATM 实施规划，其内容包括技术、运营、经济、财政、法律、组织等多个领域，为各地区实施新航行系统提供了更具体的指导。CNS/ATM 系统在航空中的应用将对全球航空运输的安全性、有效性、灵活性带来巨大的变革。新航行系统使民用航空进入了新发展时代。

（2）新航行系统的组成

新航行系统组成如表 2.2-1 所示。

新航行系统组成　　　　　表 2.2-1

	现行航行系统	新航行系统
通　信	VHF 话音 HF 话音	VHF 话音/数据 AMSS 话音/数据 SSR S 模式数据链 ATN HF 话音/数据 RCP
导　航	NDB VOR/DME ILS INS/IRS 气压高度	GNSS DGNSS INS/IRS MLS 气压高度 RNP/RNAV
监　视	PSR SSR A/C 模式 话音位置报告	ADS SSR A/C 模式 SSR S 模式 RMP
空中交通管理	ATC FIS AWS	ASM ATS ATFM A/C RATMP

（3）新航行系统的特点

与现行航行系统相比，新航行系统主要表现出以下特点：

1) 系统方面

① 新航行系统是一个完整的系统

新航行系统由通信、导航、监视和空中交通管理组成。实际应用中，虽然存在独立的可用技术和设备性能规定，但从完成安全、有效飞行任务总目标意义上认识，其中的通信、导航和监视系统以硬件设备和应用开发为主，空中交通管理则以数据综合处理和规程管理运行为主。通信、导航、监视和空中交通管理之间相辅相成，在科学的管理方法指导下，高性能的硬件设备能为实现 ATM 目标提供依助的手段，为空中交通高效率运行提供潜能。不论是现在 ATC 的目标，还是今后全球 ATM 的目标，都是依赖于当时可用技术和设备能力提出来的。新航行系统将各种可靠的手段（通信导航监视等）和方法（程序法规等）有机地综合在一起，将来自各信源的信息加工处理和利用，实现一致和无缝隙的全球空中交通管理。在实施空中交通管理过程中，将各分系统的高性能都体现在 ATM 的效益上，使空中交通在任何情形下都有条不紊。

② 新航行系统是一个全球一体化的系统

新航行系统满足国际承认和相互运行的要求，对空域用户以边界透明方式确保相邻系统和程序能够相互衔接，适合于广泛用户和各种水平的机载电子设备。

随着新航行系统不断完善而产生的所需总系统性能（RtSP）概念，将对总系统在安全性、规范性、有效性、空域共享和人文因素方面作出规定。RtSP 成为发展新航行系统过程中普遍应用的系列标准，指导各国、各地区如何实施新系统，保证取得协调一致的运行效果，使空中交通管理和空域利用达到最佳水平，从而实现全球一体化 ATM 的目标。

③ 新航行系统是一个以滚动方式发展的系统

总观 ICAO 开始提出的 FANS 方案和其后一再讨论制定的 CNS/ATM 实施方案，在新航行系统组成中，一方面，分系统成分发生了一些变化；另一方面，ICAO 还先后增加了所需性能的概念。具体有：所需导航性能（RNP）、所需通信性能（RCP）、所需监视性能（RMP）、所需空中交通管理性能（RATMP）和在这些性能综合条件下的所需总系统性能（RtSP）。由此可见，ICAO 的工作方式已经从在新系统中使用和不使用什么设备的选择上转向注重制订所需性能标准上来。根据对已经颁布的 RNP 规定的理解和应用结果，RNP 概念的应用实现了 ICAO 的预期目的。所需性能概念体现了 ICAO 发展航行系统的战略思想，即面对今后交通持续增长和新技术的不断涌现，在完善各种性能要求，并在所需性能指导下，为各国、各地区提供广泛的新技术应用空间和发展余地。在标准化的管理模式下，新航行系统会不断地吸纳新技术、新应用，并使其向更趋于理想模式的方向发展。

2) 技术方面

新航行系统主要依赖的新技术可以表示为：卫星技术＋数据链＋计算机网络＋自动化。

其中，卫星技术和数据处理技术从根本上克服了陆基航行系统固有的而又无法解决的一些缺陷，如覆盖能力有限、信号质量差等。计算机应用和自动化技术是实现信息处理快捷、精确，减轻人员工作负荷的重要手段。

3) 实施方面

先辅后主。在走向新航行系统进程中，必然有新老系统并存的过渡期。初期，新系统在运行中起辅助作用，即在功能上发挥补充能力作用。后期，除少部分优秀的现行系统作新系统的备份外，新系统成为空中交通管理的主角。随着人们对新航行系统体系认识和理解加深，新技术的渗透将使新系统逐步平稳地取代现行系统。

先易后难。新系统先在对陆基设备影响小的地方或环境实现应用，那些对陆基系统产生较大影响的场合迟后慎重解决。例如，目前在洋区 ICAO 已经使用了 RNP 概念进行航路设计。

RNP(Required Navigation Performance)，是利用飞机自身机载导航设备和全球定位系统引导飞机起降的新技术，为目前国际航空界公认的飞行导航未来发展方向。运用 RNP 导航对于包括林芝、阿里机场在内的地形复杂、气候多变的西部高原机场具有十分重要的推广作用，能够大幅减少天气原因导致航班延误、返航的现象，增强高原机场的航空客货运输能力，节约燃油和机场建设投资。按照规划目标，中国民航将在 2016 年完成传统导航向 RNP 程序的过渡。

（4）新航行系统对空管体系的变革

1）陆基航行系统向星基航行系统转变

人类对空间技术的研究，解决了一些在陆地环境下无法解决的问题，卫星技术的应用也是人类文明史发展的重要标志。卫星技术可用性的提高是使陆基航行系统向星基航行系统的转变关键。

卫星通信技术在电视广播领域已经普遍应用，经过了最先从租用、购买转发器开始，到自主发射卫星使用专用转发器的发展过程。卫星通信技术也从娱乐、日常生活发展成为能以多种速率、多种方式传输多种数据应用于各个领域。在实现陆基通信方式困难的地方，卫星通信技术已经成为重要的依赖手段。

与现行陆基导航系统相比，全球导航卫星系统具有高精度、多功能、全球性等优点，解决了航路设计受限于地面设施的问题，也为远距或跨洋飞行提供了实时定位导航的手段。当基本卫星导航系统与可靠的增强系统结合后，可将其用于全部飞行阶段。

在建设具有相同规模和同样保证能力的常规空管系统所需经费方面，星基空管系统已向陆基空管系统提出了挑战。

2）国家空管系统向全球一体化空管体系转变

在现行航行系统环境下，由于各国空中交通管制设施的能力不同，管制方法和管制程序，以及在空域利用和最低间隔标准问题上缺乏一致性，对飞机有效飞行增加了额外限制。在发展空中交通管理系统过程中国家之间很少合作，使飞机不能发挥先进机载设备的能力。重要的是现行航行系统缺乏全球覆盖性、规范性和有效性的共同基础。现行空中交通服务的安全水平仅限于某些空域范围，还不具备全球性的安全水平。这些都是现行系统无法满足未来交通增长要求和空域用户的需求的原因。

随着空中交通运输量持续增长，现行条件下，空域的不连续性和国家航行系统的不一致性，会极大地妨碍有限空域的最佳利用。

新航行系统中一体化的 ATM 能够使飞行员满足其计划的离港和到达时间，在最小的限制和不危及安全情况下保持其优选飞行剖面。为此，需要区域以及国家空管系统部件、程序的协调性和标准化，以国际一致性的 ATM 标准和程序全面开发新航行系统技术。

新航行系统中的功能系统具有的全球覆盖特点，机载和地面设备之间相互联系和数据交换功能的兼容性保证了总系统能一致、有效地工作。无论在境内还是跨国空域运行，全球一体化的航行系统以无缝隙的空域管理为用户提供连贯和一致性的服务。

3）空中交通管制向自动化方式转变

空中交通管制工作由复杂的任务组成，要求管制员具有高度的技能和灵活应变的能力，如对空域的洞察力，可用信息的处理、推理和决断的独特能力。全球一体化 ATM 所显示的安全性、空域高容量和飞行有效性要求在管制员发挥其特有能力的同时，还要利用自动化手段改善管制工作效率。在航行数据采集处理、动态空域的组织、飞行状态的预测、解决冲突建议措施的选择过程中，自动化系统的快速解算能力获得更及时、更准确的结果，帮助管制员自动进行空中交通活动的计算、排序和间隔，获得更直接的航路，以在有限的空域内建立有效的飞行流量。同时，各种信息多途径自动有效传输，极大地减轻了管制员的工作负荷。

空中交通管制将以渐进方式引进自动化系统。在初期，利用计算机和有关软件协助管制员完成部分任务。应当明确，实现自动化的空中交通管制方式并不等于完全取代管制员。实际应用中，受各种随机因素和不可预见事件的影响飞机不可能也不总是按其预期结果运行。因此，自动化的空中交通管制方式仍然需要发挥管制员特有的能力和灵活性特点。

2. 新概念在空中交通管理中的应用

（1）区域导航与灵活短捷航路

区域导航不是一个新概念，但在新航行系统环境下，新导航系统赋予了使用几十年的区域导航以新的含义。

空中交通史上的第一批航路是沿着地面台点设计的，在做出向、背台飞行的区别和台点的频率、航路宽度、飞行高度的规定后，飞机按设计的航路飞行，管制员按该航路计划飞行实施管制。由于当时还没有机载计算组件，飞机按逐台径向导航方法飞行。

1）RNAV 的产生和陆基 RNAV 的应用

随着 VOR 和 DME 导航设备成功地运用于航空导航和机载计算组件的装备，出现了区域导航（RNAV）概念并得以初步应用。根据当时所用系统性能和特性，RNAV 被确认为一种导航方法，允许飞机在导航台信号覆盖范围内，或在机载自主导航设备能力限度内，或在两者配合下按所需航路飞行。这也正是目前陆基航行系统条件下 RNAV 航路设计的特点。虽然可以依靠机载计算组件作用，在导航台的覆盖范围内设计一条比较短捷航路，但是，航路仍然考虑地面是否建有导航台而设计。一般说来，对应地面建导航台有困难的空域，多为不繁忙空域。

2）星基 RNAV 的应用

卫星导航系统的应用，从根本上解决了由地面建台困难导致空域不能充分利用的问题。卫星导航系统以其实时、高精度等特性使飞机在飞行过程中能够连续、准确地定位。在空域利用允许情况下，依靠卫星导航系统的多功能性，或者与飞行管理计算机的配合，飞机容易实现任意两点间的直线飞行，或者最大限度地选择一条短捷航路。从一般意义上讲，利用卫星导航，飞行航路不再受地面建台与否的限制，实现了真正意义上的航路设计的任意性。因而可以认为，卫星导航技术的应用使 RNAV 充分体现了 Random Navigation（随机导航）的思想。

陆基导航系统的 RNAV 航路可以缩短航线距离，但飞行航路依旧受到地面导航台的限制。星基导航系统的 RNAV 航路则可以实现既短捷又灵活的设计。

3）理想飞行模式

飞行的理想模式是自主飞行。即在充分监视条件下，通过管制员和飞行员的协商，征得管制员认可后，飞行员可以在任意优选航路上飞行。飞行期间，管制员起到实时监视和适时干预作用。

（2）所需导航性能与航路设计的参考

1）RNP 的定义

RNP 概念是 1991 年、1992 年间由 FANS 委员会向 ICAO 提出的。1994 年，ICAO 在正式颁布 RNP 手册(Doc 9613-AN/937)中定义 RNP 为：飞机在一个确定的航路、空域或区域内运行时，所需的导航性能精度。

RNP 是在新通信、导航和监视技术开发应用条件下产生的新概念。RNP 也是目前提出的所有所需性能 RXP(X＝C、N、M、ATM、tS) 中唯一有明确说明和规定的性能要求，而其他皆在讨论制定中。尽管如此，RNP 从颁布后就没有停止其完善和充实工作，随着各种可用技术的成熟，RNP 的应用领域还在延伸，规定的项目还在增加。

2）提出 RNP 的目的

ICAO 提出 RNP 概念并作出相应规定的目的是：改革以往对机载导航设备管理方式，从无休止的设备审定和选择工作中解脱出来；在规定的航路空域内运行的飞机，要求其导航性能与相应空域能力相一致，使空域得到有效利用；不再限制机载设备最佳装备和使用；作为确定飞行安全间隔标准的基本参考。

3）RNP 的应用

RNP 可用于从起飞到着陆的各个飞行阶段。

① 航路 RNP

航路 RNP 是在确定航路、空域或区域内，对飞机侧偏的最大限制。RNP 类型如表 2.2-2 所示。

RNP 类型　　　　　　　　　　　　　　　　表 2.2-2

类型	定位精度(95%)	应用
RNP1	±1.0 海里(±1.85km)	允许使用灵活航路
RNP4	±4.0 海里(±7.4km)	实现两个台点间建立航路
RNP12.6	±12.6 海里(±23.3km)	在地面缺少导航台的空域
RNP20	±20.0 海里(±37.0km)	提供最低空域容量的 ATS

以规定的 RNP1 类型的航路为例，RNP1 系指以计划航迹为中心，侧向（水平）宽度为 ±1 海里的航路。对空域规划而言，可利用 RNP1 进行灵活航路的设计，运用在高交通密度空域环境，有利于空域容量的增加。同时，对飞机的机载设备能力而言，在相应类型航路飞行的飞机，若要保证在该类航路安全运行，必须具有先进机载导航设备。飞 RNP1 航路的飞机必须具备利用两个以上 DME，或卫星导航系统更新信息的能力。同理，RNP4 类型系指以计划航迹为中心，侧向（水平）宽度为 ±4 海里的航路。由于 RNP4 有较松的航路宽度要求，可适应于目前陆基航行系统支持的空域环境。

在实际应用中，RNP 概念既影响空域也影响飞机。对空域特性要求而言，当飞机相应的导航性能精度与其符合时，便获得在该空域运行。要求飞机在 95% 的飞行时间内，机载导航系统应使飞机保持在限定的空域内飞行。

② 终端精密 RNP（窗口航路效应）

在考虑飞机运行总系统误差后，提出终端精密内外隧道概念。内隧道指系统正常的性能范围，外隧道是指飞行安全的限界。

隧道模型：机载导航设备精度高，飞行总系统误差小，占用空域小。反之，机载导航设备精度低，飞行总系统误差大，占用空域则大。

卫星导航系统的精度比现行导航系统的精度高，是目前保证飞行安全，提高空域交通流量，增加空域容量的技术保证。

现行航行系统和新航行系统在空域结构上的区别如表 2.2-3 所示。

现行航行系统和新航行系统在空域结构上的区别　　　　　表 2.2-3

	现行航行系统	新航行系统
航路	保护区概念	航路 RNP 概念
终端区	IAF、FAF、MAF	（同左）
进近	ILS 下滑线	精密 RNP（内外隧道）

表面看来，RNP 是对应用于一定空域的机载导航系统精度要求的概念。实际上，RNP 对空域规划、航路设计、航空器装备等方面都产生着影响。为此，RNP 概念要求国家承担起作出规定本国空域 RNP 的类型、确保空中交通管制对航空器的引导和监视、并使航空器符合规定航路所需导航性能的要求的责任。

在现行运行条件下，由于受到陆基空管设备和机载设备能力的限制，进行航路设计时都尽可能为飞机提供充裕宽度的航路。一条航路占据较大空域，一个高度上设计一条航路是目前空域应用的水平。

在新航行系统环境下，实时通信监视能力可以对飞行活动的连续监控，飞机机载导航精度提高，也使飞行总系统误差减小，利用 RNP 概念进行平行航路和直飞航路的设计，还利用 RNP 概念减小航路间隔和优化航路间隔，有效地提高空域利用率和容量。无论是技术保障还是运行环境要求，都使飞机在空域仅占据有限的"空域块"飞行。

4）安全间隔概念

每架飞机由两个假想的与飞机同运动的区域包围，两个假想区被分别称为告警区和保护区。外层区为告警区，内层区为保护区。各区域的大小随飞机的飞行速度、交通密度和飞机设备水平不同而改变。一般来说，飞机飞行速度越快，区域范围越大。当两架飞机的告警区相接触时，机载冲突解算组件将自动处理有关信息，最后为飞行员提供操纵指令，使之脱离碰撞危险。这是 ATM 和自由飞行所追求的一种空域运行环境。

3. 新航行系统依赖的技术

（1）卫星导航

在过去的几年，使全球航行系统和空中交通管制系统发生深刻变革的根源是卫星导航。ICAO 将其命名为 GNSS，其中可能包括各国或组织的空间卫星系统。目前，已经达到完全运行状态的卫星导航系统只有美国研制的全球定位系统（GPS）。

1）卫星导航的基本应用

GPS 的基本应用是利用空间 24 颗卫星星座中的至少 4 颗卫星来进行定位和授时。对航空用户而言，仅靠 GPS 接收机完成定位和导航。由于存在卫星星历误差、电离层和对流层的影响，再加上美国政府人为施加的选择可用性（SA）的干扰，GPS 的标准定位服务提供的精度在民用航空中只能使用于从航路到非精密进近飞行阶段内，无法满足精密导航和着陆飞行阶段的精度要求。为在使用卫星导航过程中确保飞行安全，改善 GPS 信号的精度、完好性和可用性，必须对 GPS 基本应用方式采用增强措施。表 2.2-4 列出目前可利用的卫星导航系统提供的基本应用精度。

目前可利用的卫星导航系统提供的基本应用精度   表 2.2-4

导航星座	水平定位精度		垂直定位精度	
	95%	99.99%	95%	99.99%
GPS	100m	300m	156m	500m
GLONASS	24m	140m	48m	585m

2）卫星导航的增强应用

① 差分卫星导航

在一定范围内用导航卫星定位时，当两点间的距离和它们相对卫星的距离相比可以忽略时，这两点的误差就具有共同性的特点，利用差分技术可以有效地消除两点的共同性误差。这是差分技术应用的基本原理，这两点被称为基准站和用户站。

基准站（已经过精密位置测定）接收 GPS 信号后，解算基准站位置，将解算值与标定值进行比较，求出卫星定位误差。再利用数据链向附近用户发播误差修正值。在附近的用户站接收到误差修正信号后，精确解算用户站的精密位置解。无论是理论计算还是实地试验，都证明了差分是解决卫星定位系统中的精度问题的有效可用技术。

为提高卫星导航精度、完好性、可用性和连续服务性，通过一些地面设施，选择使用差分技术和伪卫星技术等，使卫星导航系统性能得以提高。由此形成了 GPS 地面增强系统。按地面设施布放区域和范围，GPS 地面增强系统分为：局域增强系统（LAAS）和广域增强系统（WAAS）等。

② 新一代增强系统划分

1998 年 4 月，在新西兰惠灵顿召开的卫星导航专家组会议报告中，对提高 GNSS 性能的各种增强措施进行了系统描述，按组成卫星导航系统的各成分将增强系统划分为：陆基增强系统（GBAS-Ground Based Augmentation System）、星基增强系统（SBAS-Satellite Based Augmentation System）和机载增强系统（ABAS-Aircraft Based Augmentation System）。

GBAS 将为 GNSS 测距信号提供本地信息和修正信息。修正信息的精度、完好性、连续性满足所需服务等级的要求。这些信息通过 VHF 数据链以数字格式发播。SBAS 利用卫星向 GNSS 用户广播 GNSS 完好性和修正信息，提供测距信号来增强 GNSS。ABAS 将 GNSS 组件信息和机载设备信息增强和/或综合，从而确保系统符合空间信号的要求。ABAS 的应用包括 RAIM、AAIM、GPS/INS 等。

③ 广域增强系统（WAAS）

WAAS 是一个陆基基准系统网络，利用差分解算技术改善基本 GPS 信号的精度、完好性和可用性。WAAS 主要的目的是改善 GPS 信号的可用性，以满足全飞行阶段的 RNP

要求。WAAS 能将精度提高至 7m。

　　WAAS 由广域基准站（若干个）、广域主控站组成，利用数据链发播定位修正信息。其特点是对空间相关的误差（大气中的传播延迟误差）和对空间不相关的误差（卫星的星历误差、星钟误差）分别解算出来，分别修正。这样，不仅使得只需设置较少的基准站就能覆盖大范围地区，还能利用卫星广播修正电文，在海洋和偏远荒漠地区不需设台，用户也能获得修正信息。

　　④ 局域增强系统（LAAS）

　　LAAS 的目的是改善 GPS 信号，以满足精密 RNP 所需的导航性能要求，向视线范围内的飞机提供差分修正信号。LAAS 能将精度提高至 1m。

　　LAAS 是对 WAAS 服务的完善。LAAS 使用的差分技术是基于产生一个本地基准站和用户站之间所有预计的共同性误差的修正值。所以，LAAS 只能在约 20 海里的"本地"范围内发播导航修正信息，其服务空间只包括在本区域内的机场。虽然 LAAS 提供的服务空间小于 WAAS，但是，LAAS 所能提供的精度要远高于 WAAS。因而，LAAS 能提供比 WAAS 更多的精密进近服务，并能有效缩短系统完好性告警时间。

　　LAAS 主要由地面基准站、机载差分 GPS 接收设备、数据链组成。LAAS 可供 I 类精密进近（可用性指标远高于 WAAS）、II 类乃至 III 类精密进近和着陆。此外，LAAS 的空间信号还能提供机场场面活动监视服务。

　　（2）通信技术

　　1）数据链

　　数字通信的优点：抗噪声、错码率低、可加密、便于处理运算变换和与计算机连接等。

　　链路（Link）：指一条无源的点到点的物理线路段，中间没有热和任何变换的节点，又称物理链路。

　　数据链（Data Link）：在一条线路上传输数据时，除必须具备的物理线路外，还必须有一些必要的规程来控制这些数据的传输。把实现这些规程的硬件和软件加到链路上，就构成数据链。数据链就像一个数字管道，可以在它上面进行数据通信。当采用了复用技术，一条链路可以等效有多条数据链路。数据链又被称为逻辑链路。

　　在空地通信网络系统应用数据链。能够实现人—人（管制员和飞行员）、机—机（ADS 和 ATM，无人工干涉）和人—机（机上信息注入数据库）间的数据传递。数据链是数据通信的应用，数据通信比模拟通信有许多不可比拟的优点（自适应选频技术、跳频、自动纠错等）。在空地通信系统中，占主要服务内容的空中交通服务 ATS 和航务管理通信 AOC 将以数据通信为主，逐渐减少话音通信，最终达到只在必要时或紧急情况下使用话音通信。数据链类型：HF、VHF、SSRS 模式和 AMSS。我国应考虑技术投资的可行性和运行保证能力，采用以 VHF 数据链为主，在建设 VHF 数据链有困难的地方选用 AMSS 或 HF 数据链，视 SSRS 模式的发展进程考虑 S 模式数据链应用的策略。

　　媒体访问方式（数字调制载波的形式）：时分/频分/码分多址（面向比特）；调幅—相移键控/差分相移键控（面向字符）。

　　数据传播的速率：根据工作频率确定。

　　2）航空电信网（ATN）

ATN 是全球范围内用于航空的数字通信网络和协议。

ATN 将航空界的机载计算机系统与地面计算机系统连接起来，ATN 能支持多国和多组织的运行环境，使之随时互通信息。

ATN 将按照国际标准化组织(ISO)的开放互连(OSI)7 层模型来构造。主要由 3 个子网构成：机载电子设备通信子网(数据链管理系统)；空地通信子网；地面通信子网(分组交换、局域网)。各类子网之间利用路由连接器连接，用户经路由器通过网关进入 ATN，再按照网间协议和标准进行信息交换。地面路由器确保将信息传送到要求的终端和飞机，并保存每架飞机的位置信息；跟踪系统配合地面网络，分析媒体的可用性，向飞机发送信息数据。飞机路由器确保飞机信息通过要求的媒体发送。

在现阶段，通信方式和格式繁多，缺乏一致性和兼容性。但是，所需通信性能(RCP)将是今后通信技术发展和应用时共同遵守的标准，如同 RNP。

飞机通信选址报告系统(ACARS)是目前向 ATN 过渡的一种数据链类型。ATN 早期应用——ACARS 的应用如表 2.2-5 所示。

ACARS 的 应 用　　　　　　　表 2.2-5

飞行阶段	来自飞机	到飞机
滑 行	链路测试/时钟更新； 燃油/机组信息； 延误报告； 滑行； (OUT)	离港前许可(PDC)； 自动终端情报服务； 载重和配平； 机场分析； 垂直速度； 飞行计划硬拷贝，注入 FMS
起 飞	飞机脱离跑道信息；(OFF)	
离 港	发动机数据	飞行计划更新； 气象报告
航 路	位置报告； 气象报告； 预计到达时间； 话音请求； 发动机信息； 维修报告	ATC 许可； 气象报告； 再许可； 地面话音请求(选择呼叫)
进 近	准备； 廊桥请求； 预计到达时间； 特殊请求； 发动机信息； 维修报告	廊桥确认； 廊桥联系； 旅客和机组信息； 自动终端情报服务
着 陆	着陆信息；(ON)	
滑 行	滑行到停机坪； 燃油信息； 机组信息； 取自中央维修计算机的故障信息(IN)	

（3）航空移动卫星服务/业务（AMSS）

AMSS 为航空用户提供远距数据链和话音通信。

组成：卫星转发器；飞机地球站（AES）；地面地球站（GES）。其中，卫星转发器：由同步轨道卫星完成馈送链路和服务链路间的频率转换。飞机地球站（AES）：飞机上用来进行 AMSS 通信的设备，包括天线、卫星数据单元和高功率放大器等机载电子设备。地面地球站（GES）：地面用来进行 AMSS 通信的设备，完成飞机和 ATM、航空公司间的通信中继。包括天线、收发信机、信道单元和网络管理设备。

AMSS 采用面向比特协议，与 ATN 完全兼容。与 VHF 通信相比，AMSS 通信延迟时间较长（高轨道同步卫星）。后期将利用低轨或中轨卫星，进一步降低 AES 的设备费和使用费，减小延迟时间，消除南北极附近的通信盲区，真正实现全球、全天候的航空卫星通信。

（4）监视技术

1）S 模式

S＝Selective，S 模式即选择模式。S 模式是 SSR 的一种增强模式。允许地面管制单位有选择地询问，在地面询问和机载应答装置之间具备双向交换数据功能。

① 问题的提出

SSR 监视雷达的 A/C 模式编码数量有限、可交换信息少（识别、高度）；在询问信号工作范围内的全部飞机，会同时获得询问信号，可能产生同时应答，造成混迭；管制员的工作负荷大；目标容易丢失或信号中断，飞机的机动飞行将会遮蔽机载天线；地面反射产生盲区；固定目标的反射会引起虚假目标的显示；目标的方位、距离等参数的分辨率低等。

② S 模式简介

一个 $15\mu s$ 或 $29\mu s$ 的数据块可容纳 56bit 或 112bit 的数据，数据的前 24bit 规定用于飞机的地址编码，这样飞机的识别码的数量可达 $2^{24}＝16777216$（1677 万个），是现行的 A 模式的 4 千余倍，足以实现全球飞机一机一码。其他比特用于传送所需飞机参数。

③ S 模式的应用

有选择地询问，防止信号范围内的所有飞机同时应答引起的系统饱和、混迭发生；一机一码，防止询问信号串扰其他飞机；为 ATC 服务提供数据链能力，为 VHF 话音通信提供备份；实现对飞机状态的跟踪监视；使用单脉冲技术有效地改善了角度分辨率，提高了方位数据的精度；是防撞的可靠手段，TCAS 是利用 SSR 应答器的信号来确定邻近飞机的距离和高度，利用 S 模式数据链功能，可确切知道对方的坐标位置，有利于选择正确的回避措施。

④ S 模式的缺陷

对通信功能而言，因为 S 模式的数据链仍沿用了 SSR 的工作方式，势必受到天线扫掠间歇的限制，使依赖于 S 模式的通信次数、速率和实时性差于 VHF 数据链。但对雷达功能而言，代表了发展的一个方向。

2）自动相关监视（ADS）

ADS 向 ATS 提供与 SSR 等效的飞机位置数据。

① 释义

A——自动的：无需机组人工发送飞机位置。

D——相关的：地面依赖于飞机的报告得知飞机的位置。信息来自飞机，不是地面站。

S——监视：飞机的位置得到监视。

② ADS 信息类型

定期报告（位置、时间、性能因数、识别码、机型、气象、预计航线等）；请求报告（内容同定期报告，根据要求立即发送）；事件报告（航路点变更、侧向偏离超限、高度偏离超限等）。

ADS 信息通过数据链（VHF、HF、S 模式或卫星）发送给 ATM。ATM 借助自动的冲突检测和解算工具处理 ADS 信息，并将结果数据显示在管制员的荧光屏上。

③ ADS 的局限性

机上信息处理需要时间（FANS-1 至少 64s）；通信滞后（飞机到地面需用时 45～60s）；要求使用相同的基准（基于 GNSS 的时间，WGS—84 坐标系统），否则精度变差；设备安装的过渡期内，机载设备混乱。

④ ADS 效益

与话音通信相比，减小间隔，增加空域容量；地面设施投资大大低于 SSR、VOR、DME，可用于无 SSR 信号覆盖的区域；能提供 ATM 所需的数据，如：预计航路、性能因数、事件报告等；机组不再依靠话音通信报告飞机位置。

⑤ 监视系统现状与发展如表 2.2-6 所示。

监视系统现状与发展　　　　　　　　　　　　　　　　表 2.2-6

交通量	现　状	发　展
高密度	PSR、SSR A/C	SSR A/C/S
低密度/洋区	HF 话音/电报	ADS

3）监视系统的比较

监视系统的比较如表 2.2-7 所示。

监视系统的比较　　　　　　　　　　　　　　　　　表 2.2-7

	话　音	雷　达	自动相关监视
定位手段	机载设备	地面设备	机载设备
参与者	管制员、飞行员	管制员	管制员
功能	固定航路、利用飞行进程单跟踪	监视 CRT 显示的位置	监视数据终端显示的数据
通信	VHF/HF/SATC OM 话音		VHF/HF/SATC OM 数据链

（5）全球一体化的空中交通管理

1）ATC 的局限性

在 ATC 系统内和系统之间（地-地通信）、ATC 系统与所管制的飞机之间（空-地通信）

能力，不足以支持空域容量和效率的进一步改善。

ATC 系统缺乏一致性的数据和程序用于监视、预测获得最佳空中交通流量。

即使是最先进的 ATC 系统，能在数据连续的方式下反映飞机性能和环境状态，但也仅仅反映了近似的真实情况。因而，只能获得有限最佳飞行剖面。

在计划和使飞行航路最佳化方面，要求的机场设施的能力已经超出陆基系统所支持的范围。

航路结构通常是复杂的。

2）ATM 的组成及其功能

空域管理：在既定的空域条件下，实现对空域资源的充分利用。以时分共享空域的方式，按短期需求划分空域以满足不同类型用户的需要。空域管理是以系统的概念考虑实现空域的利用（系统关系图）。

空中交通服务：主要目的是防止航空器之间、航空器与障碍物之间发生碰撞，加速和维持有秩序的空中交通活动。

空中交通流量管理：当某区域空中交通流量超出或即将超出该区域空中交通管制系统可用能力时，预先采取适当措施，保证空中交通量最佳地流入或通过相应的区域。空中交通流量管理有助于实现空中交通管制的目的，能够达到对机场、空域空域容量的最大利用效率。

3）ATM 的功能和目标

① 功能

飞机活动的有效性；交通流量的高容量及其影响因素；空域利用的高效率。

② 目标

为适应用户优选的飞行剖面，提供更大的灵活性和有效性。

改善现有的安全水平。

适应于各种类型的飞机和机场能力。

改善向用户提供的信息，包括气象条件、交通状态和设备可用性。

根据 ATM 的规定和程序组织空域。

增加用户参与 ATM 的决断，包括空-地之间以计算机对话方式协商飞行计划。

尽可能大范围地增加单一连续的、边界对用户透明的空域。

增加空域容量，满足空中交通的未来需求。

4）ATC 与 ATM 的比较

ATC 与 ATM 的比较如表 2.2-8 所示。

ATC 与 ATM 的比较

表 2.2-8

	ATC	ATM
名称	空中交通管制	空中交通管理
功能	空中交通管制服务飞行情报服务告警服务	空域管理空中交通服务空中交通流量管理
方法	战略管制	战术管理
飞行活动	受限于管制员的许可和指挥	较大选择余地
通信手段	话音为主	数据为主

续表

	ATC	ATM
监视手段	PSR、SSR	ADS 和 SSR
导航手段	陆基为主	星基为主
飞行计划登记和处理	根据申报的飞行计划打印飞行窄条； 机组通过话音请求偏航； 管制员人工记录飞行计划的变更	电存储飞行计划，拷贝作图； 机组通过 CPDLC 请求偏航； 管制员通过 CPDLC 实时更新飞行计划
一致性监视	管制员将雷达和话音报告的内容与飞行窄条比较飞行过程； 管制员人工识别与飞行计划的偏离	显示 ADS 周期位置报告； 依据 ADS 意图数据显示中间位置； 飞机自动发送有关偏离、超障高度的事件报告； 为管制员提供显示
间隔保证	管制员通过话音报告，监控飞机位置，保证间隔； 管制员根据雷达显示，保证间隔； 管制员通过话音通信指挥飞机调动	管制员根据监控显示，保证间隔； 软件评估飞行计划和 ADS 意图数据； 飞机用 FOM 表示导航性能，允许变化的间隔限制； 管制员通过 CPDLC 指挥飞机
飞机管制移交	管制员保持与飞机的话音联系，直至飞机移交到下一管区	管制员通过 CPDLC 确认将移交的飞机； 飞机通过 CPDLC 显示要求联络的管区； 管制员通过 CPDLC 发送服务的限度
冲突检测和解决	管制员人工识别冲突隐患； 当飞机相互靠近时，雷达提供告警； 管制员通过话音通信指挥飞机的调动	比较飞行计划，显示可能的冲突隐患； 变更飞行计划时，自动检查与其他飞机可能的冲突； 管制员有足够的时间处理冲突隐患，无需逃避性调动； 软件提供解决冲突的选择
险情监控	（同上）	（同上）

5）ATM 的效益

新航行系统对空域和航路带来的潜在变化：

新的 ATM 能力和更精确的数据将使提高安全、减少延误、增加空域和机场能力成为可能。

ATM 运行将变得更加灵活，导致以更高的能力适应用户优选的航路。新的能力将有可能允许灵活编辑航路，随着气象和交通条件动态地改变飞行航路。

改进的流量管理将防止过度拥挤情况发生。

数据链将在相应装备的飞机、地面、地面之间发射各种信息，为驾驶舱提供增强信息，显著地减轻工作负荷、减少信道拥挤和现行话音方式的字符通信错误。

终端和航路 ATM 功能将被结合起来，为出入终端区提供平滑的交通流量。

管制员将能够建立更有效的进近流量。

2.2.2　机场运行最低标准

机场运行最低标准是指一个机场可用于飞机起飞和着陆的运行限制，这些限制通常用有关气象条件表示，因此也称之为机场运行最低天气标准。对于起飞，进场最低运行标准用能见度（VIS）或跑道视程（RVR）表示，如果需要还应包括云高；对于精密进近的着陆，用 VIS 或 RVR 和决断高度（DA/DH）表示；对于非精密进近的着陆，用能见度、最低下降高度/高（MDA/MDH）表示。

1. 制定机场运行最低标准应考虑的因素

（1）飞机的机型、性能和操纵特性；

（2）飞行机组的组成及其技术水平和飞行经验；

（3）所用跑道的尺寸和特性；

（4）可用的目视助航和无线电导航设施的性能和满足要求的程度；

（5）在进近着陆和复飞过程中可用于领航和飞行操纵的机载设备；

（6）在进近区和复飞区内的障碍物和仪表进近的超障高；

（7）机场用于气象测报的设备；

（8）爬升区内的障碍物和必要的超障余度。

2. 机场运行最低标准

中国民用航空总局于 2001 年 2 月 26 日颁布并正式实施《航空器机场运行最低标准的制定与实施规定》（98 号令），2003 年 6 月修改（119 号令）。

（1）起飞最低标准

1）确定起飞最低标准应考虑的因素：

① 避开不利地形和障碍物；

② 飞机的操纵能力和性能；

③ 可用的目视助航设施；

④ 跑道的特性；

⑤ 可用的导航设施；

⑥ 发动机失效等不正常条件；

⑦ 跑道污染、侧风影响等不利的天气。

2）起飞最低标准的表示

起飞最低标准通常只用能见度表示。但在起飞离场过程中必须看清和避开障碍物时，起飞最低标准应当包括能见度和云高，并在公布的离场程序图中标出该障碍物的确切位置。另外，如果在仪表离场程序中规定一个安全飞越障碍物所要求的最小爬升梯度，并且飞机能满足规定的爬升梯度时，起飞最低标准才可以只用能见度表示。

① 起飞最低标准中的云高至少应当高出控制障碍物 60m，云高数值按 10m 向上取整。

② 单发飞机的起飞最低标准，云高不低于 100m，能见度不小于 1600m。

③ 多发运输机的起飞最低标准。

基本标准：双发飞机能见度 1600m，3/4 发飞机能见度 800m。执行相关标准，选择的起飞机场的备降机场应满足标准（98 号令）规定的条件。

降低后的标准：对于涡轮双发或双发以上的飞机，具有典型的适用于低能见度运行的飞行性能和驾驶舱仪表设备并且机组训练合格（参见民航局 57 号令第二章），可以根据跑道目视设施的情况，按表 2.2-9 的规定使用低于基本的起飞最低标准。

多发运输机的起飞最低标准   表 2.2-9

可用目视助航设施	RVR/VIS（m）	
	A、B、C 类飞机	D 类飞机
高强度跑道边灯和中线灯，有三个 RVR 报告点	150	200
跑道边灯和中线灯（无 RVR 报告点）	200	250
跑道边灯和中线标志（无 RVR 报告点）	250	300
跑道中线标志、无灯光（只准白天）	500	500

更详细规定参见 98 号令及 119 号令。

④ 要求看清和避开障碍物所需要的能见度，按起飞跑道的离地端（DER）至障碍物的最短距离加 500m 或 5000m，两者取较小数值。但是 A、B 类飞机最小能见度不得小于 1500m，C、D 类飞机不得小于 2000m。

（2）着陆最低标准

对于非精密进近和目视盘旋进近着陆，机场运行最低标准用能见度（VIS）和最低下降高度/高（MDA/MDH）表示；对于精密进近着陆，机场运行最低标准根据运行分类用能见度或跑道视程和决断高度/高。

本节只介绍多发飞机精密进近的最低标准，非精密进近、目视盘旋进近着陆、夜间飞行等的最低标准，请参见 98 号令及 119 号令。

1）Ⅰ类精密进近的最低标准

Ⅰ类精密进近的决断高为程序要求的超障高或允许飞机或机组实施进近的最低高，或 60m，以最高值为准。最低跑道视程或跑道能见度可根据不同的目视助航设施，在表 2.2-10 中确定。

多发飞机Ⅰ类精密进近最低 RVR 或能见度   表 2.2-10

导航设施		ILS		ILS 航道偏置	
最低决断高		60m		75m	
目视助航设施	飞机分类	RVR（m）	跑道能见度（m）	RVR（m）	跑道能见度（m）
精密进近灯系统和跑道边灯，中线灯，接地区灯，跑道标志	A、B、C	550	800	800	800
	D	600	800	800	800
高强度简易进近灯系统及高强度跑道边灯，入口灯，端灯和跑道标志	A、B、C	800	800	800	800
	D	800	800	800	800
跑道边灯和跑道标志，任何长度的进近灯，或无进近灯	A、B、C	1200	1200	1200	1200
	D	1200	1200	1200	1200

注：1. ILS 包括航向台、下滑台、外指点标和中指点标，如果使用 DME 提供相当于指点标的距离信息，则要求测距仪（DME）系统的准确度为 0.5 海里（用于外指点标台 OM）和 0.2 海里（用于中指点标台 MM），机载测距仪（DME）设备也应有相应准确度的分辨能力。

2. 表中的 RVR 为接地区 RVR 的数值，跑道能见度为着陆方向的能见度。

3. 精密进近灯系统为国际民用航空公约附件十四《机场》规定的Ⅰ类精密进近灯系统，进近中线灯从跑道入口向外延伸至 900m，但从确定最低标准考虑，进近中线灯长 720m 或以上认为是全长。高强度简易进近灯系统的中线灯的长度不应小于 420m。

4. 表中数值适用于下滑角不大于 4° 的进近，对于大于 3° 下滑角的进近必须有目视下滑坡度的引导，在到达 DH 之前即能看到精密进近航道指示器（PAPI）的航道指示。

如果决断高大于 75m，但小于 90m，则表中最低跑道视程或跑道能见度数值应增加 100m；如果决断高为 90m 或以上，则表中最低跑道视程或跑道能见度的数值应增加 200m。但对于无进近灯的跑道要求的最低跑道能见度，为飞机沿下滑道至决断高的一点至跑道入口的距离。

2）Ⅱ类精密进近的最低标准

① Ⅱ类精密进近下降至 DH60m 以下但不低于 30m，跑道视程不小于 350m。标准的 Ⅱ类运行最低标准为 DH30m、RVR350m。DH 必须使用无线电高度表或内指点标确定。Ⅱ类运行使用标准的 Ⅱ类运行最低标准时不得用气压高度表确定 DH。多发飞机 Ⅱ类精密进近的最低标准如表 2.2-11 所示。

多发飞机Ⅱ类精密进近的最低标准　　表 2.2-11

DH(m)	基本的Ⅱ类运行最低标准		限制的Ⅱ类运行最低标准
	DH 以下为手操纵	自动着陆或自动驾驶耦合至 DH 以下	
DH(m)	RVR(m)	RVR(m)	DH(m)/RVR(m)
30～60	400	350	
37～43	450	400	45/500
44 以上	500	500	

注：1. 表中自动着陆或自动驾驶耦合至决断高以下，是指继续耦合飞行引导系统至 DH15m。

　　2. 使用Ⅱ类运行最低标准的跑道为Ⅱ类精密进近跑道，具有Ⅱ类精密进近灯系统并包括高强度跑道边灯、中线灯、入口灯、接地区灯和跑道标志。在夜间接地区灯和跑道中线灯不工作时，要求 RVR500m。

② 高于标准的 Ⅱ类运行最低标准为 DH45m、RVR500m，也称为限制的 Ⅱ类运行最低标准。主要用于批准使用标准的 Ⅱ类运行最低标准之前的鉴定阶段，也用于透射仪的限制（只有一个 RVR 报告点）超障要求或入口前地形不允许使用无线电高度表的情况。DH45m、RVR500m 是允许使用气压高度表确定 DH 的最低高度。

3）Ⅲ类精密进近的最低标准

Ⅲ类精密进近的最低标准，根据使用的自动着陆系统和滑跑控制系统的可靠程度，要求的决断高和跑道视程如表 2.2-12 所示。Ⅲ类运行使用表列 RVR 数值的跑道必须具有国际民航公约附件十四《机场》第一卷规定的Ⅲ类精密进近灯系统和跑道边灯、入口灯、中线灯和接地区灯。对故障-工作的ⅢA 和ⅢB 类运行可以允许没有进近灯。

多发飞机Ⅲ类精密进近的最低标准　　表 2.2-12

最低标准	ⅢA	ⅢB类		
	飞行控制系统			
	故障-性能下降(Fail-Passive)	故障-工作(Fail-Operational)		
		无滑跑引导系统	有滑跑引导系统	
			故障-性能下降	故障-工作
决断高度(DH)(m)	≥15	<15 或无 DH	<15 或无 DH	
跑道视程(RVR)(m)	300	300	150	100

2.3 航站楼弱电工程

随着国家经济建设的快速发展，我国民用机场的建设也如火如荼地进行。现代的机场航站楼面积也越来越大，出现了超大面积的航站楼、多航站楼构成的航站楼群等多种航站楼形式。与之相配合，航站楼内弱电与信息系统越来越多，越来越复杂，相互之间信息交换也越来越密切。

航站楼弱电与信息系统主要包括：综合布线系统、计算机网络系统、地面信息管理系统、航班信息显示系统、旅客离港控制系统、公共广播系统、内部调度通信系统、安全防范系统、有线电视系统、主时钟系统、安全检查信息管理系统、安检系统、商业零售与管理系统、工程地理信息系统、办公自动化系统、呼叫中心系统、室内覆盖系统、功能中心及机房监控系统、行李处理系统、泊位引导系统、智能楼宇管理系统、火灾自动报警系统等。

弱电系统是机场航站楼运行管理的核心和神经中枢，它的先进性、系统性、完整性是机场先进管理、优质服务和安全的根本保证。机场航站楼弱电系统以计算机网络系统为基础，地面信息管理系统为核心，实现各个弱电子系统相互信息联网，在统一的航班信息之下自动运作，同时对机场航站楼各部门进行统一的调度管理，实现最优化的生产运营和设备运行，为机场航站楼安全、高效的生产管理提供自动化手段；弱电系统的建设为旅客、航空公司以及机场自身的业务管理提供及时、准确、系统、完整的信息服务，达到信息高度统一、共享、调度严密、管理先进和服务优质的目的；弱电系统的建设目标要求与国际接轨，具有很强的先进性、开放性、可扩展性、可靠性、可用性、安全性与可维护性。

2.3.1 信息类弱电系统工程

1. 计算机网络系统（CNS）

（1）系统概述

机场是一个大型建筑区群，从机场信息业务处理上一般可分为航站区（主要为面向旅客的航班生产服务）、物流园区（面向货物的航班运输服务）、办公区（面向企业 OA 和管理）以及外部互联网区主要提供对外的信息交流和共享，主要包括与驻机场企业（航管、航空公司、口岸单位等）和业务合作伙伴的网络连接。

建设一个高速、高可靠、高效的机场内部网络平台，在这个网络平台上，根据机场需要实施各种应用，为机场的进一步发展奠定坚实的基础。计算机网络的建设应基于高带宽、高可靠、高水准，且能适应未来的发展规模需要。应用方面，能满足 IT 和相关弱电系统的要求。

（2）网络构成

机场网络系统最优化的结构是首先建立一个机场范围内共享的高速园区网和上述三个区域的局域网以及相应的 VPN 接入、Internet 网接入和无线网接入。

1）机场骨干网

机场园区骨干网络系统将上述三个功能园区的局域网通过骨干网进行连接。同一功能区的建筑物采用星形二/三层网络结构（核心层、汇聚层、接入层），通过内部防火墙接入园区网络系统平台。各功能分区相互独立，通过内部的星形二/三层网络实现各自内部的信息传递。功能区间的信息共享和信息传递基于机场园区光纤环网。

2）航站楼网络系统

航站楼网络系统为航站楼的信息及弱电系统提供网络支撑。在航站楼内根据业务需求，一般分为多个物理独立子网：分别为信息网、无线网、综合业务网及多个专业子网如离港网、安防网、广播网、安检网等，各个独立的网络通过防火墙接入到骨干网航站区节点机。

航站楼网络系统每个独立网络系统的核心主干一般采用千兆以太网，星型拓扑结构。在网络层次上，根据不同的应用和功能要求可将整个网络分为访问接入层、汇聚层、核心主干层、服务器层、网络存储层 5 部分。

离港网、安防网、广播网、安检网等专业子网负责其专业系统内所有设备网络传输；信息网、无线网、综合业务网主要支持多个弱电与信息子系统网络传输，各系统之间通过划分 VLAN 来实现各系统之间的相对独立。

3）外部网络接入

机场应该建立统一的外部网络接入中心，为机场提供统一的、与外部单位进行信息交互的出入口，对外部接入进行统一的管理和控制。

2．地面信息管理系统（GOIS）

（1）系统概述

机场地面信息管理系统的建设目标是能提供一个信息共享的运营环境，使各弱电子系统均在地面信息管理系统统一的航班信息之下自动运行。它能支持机场运营模式，支持机场各生产运营部门在运行指挥中心的协调指挥下进行统一的调度管理，以实现最优化的生产运营和设备运行，为航站楼安全、高效的生产管理提供信息化、自动化手段。并能为旅客、航空公司以及机场自身的业务管理提供及时、准确、系统、完整的航班信息服务。最终，使机场成为以地面信息管理系统为核心，各信息/弱电系统为手段，信息高度统一、共享、调度严密、管理先进和服务优质的国际一流机场。

（2）系统组成

地面信息管理系统采用目前世界上成熟的、先进的三层架构或多层架构，保证系统具有很好的维护性、可扩展性。根据机场业务需求，确定系统构成如下：

1）机场运行数据库（AODB）。

2）中央信息集成管理系统［智能中间件平台（IMF）］。

3）信息操作管理系统。

4）中央安全认证管理系统。

5）集成测试系统。

6）应用系统（地面运行信息系统）：

① 航班信息管理系统。

② 资源管理系统。

③ 运行监控管理系统。

④ 旅客信息服务系统。

⑤ 应急救援指挥系统。

⑥ 航空业务统计系统。

⑦ 航空定价收费系统。

⑧ 接口系统。

各机场根据机场规模和业务需求，建设相应的应用系统。

（3）机场运营数据库

AODB 是整个机场运营的核心。它管理那些对机场每日运营至关重要的所有数据，特别是所有航班和飞机移动的信息；它们的时间和分配的资源信息；各种可能与航班处理和旅客相关联的设施和资源的状态信息；同时，还将包含为机场所有部门使用的旅客流程和工作制度信息。枢纽机场及地区枢纽机场 AODB 不仅能支持多机场/多航站楼航班数据的存储，还能支持多机场/多航站楼的营运和信息的发布，以及基本的中转航班的连接管理。

（4）中央信息集成管理系统［智能中间件平台（IMF）］

中央信息集成管理系统（IMF）作为 AODB 与子系统和外部接口等之间通信的集成业务接口，它将基于中间件消息平台，支持跨平台系统连接，实现集成系统与子系统、子系统与子系统之间数据的交互和通信，体现整体系统多层结构的思想，是机场地面信息管理系统与各系统通信的核心。

IMF 控制子系统对 AODB 的访问，在各子系统及机场外部系统和 AODB 之间、各子系统之间建立起联系，并负责数据的交换。这种联系应支持结构化、可扩充性、开放性。具有方便、易用的工具，使用户可以容易地对各种设置进行修改。

当 AODB 发生数据变更（包括航班数据、资源数据、基础数据等）后，关于该变更的消息会通知到各相应子系统，各相应子系统会根据消息进行数据的同步，从而保证其数据与 AODB 的数据保持一致和完整。

（5）信息操作管理系统

信息操作管理系统为机场信息/弱电系统运维中心提供对无人值守的整个机场所有信息/弱电系统机房（核心、二级、三级机房）进行统一的远程操作、管理和监控。

（6）中央安全认证管理系统

所有用户将由其集中管理控制，包括用户身份辨别和认证、登录账号和加密口令管理（重置、老化、过期）、集中激活或禁用、访问权限管理等。通过自动发布并与各子系统同步，使得所有系统均立即得到用户唯一标识的变更情况。当确认用户身份后，可根据这些身份决定允许或拒绝对网络资源的访问。

（7）集成测试系统

集成测试系统为机场弱电与信息系统提供一个可控制的测试环境，完成航站楼信息/弱电系统单系统功能测试、所有系统的集成测试和回归测试。

（8）航班信息管理系统

航班信息管理系统（FIMS）负责管理机场航班及其资源的季度计划、日计划和历史计划。作为统一的航班控制管理平台，从外部信息源（如 ATC/ 航空公司等）收集航班计划（季度计划/次日计划）；有选择地采纳和处理多个不同的信息源所提供的季度计划中的航班；通过 FIMS 机场管理人员可以查询、人工修改、增加和删除机场航班计划（包括：动态和计划），调整航班所使用的机场资源。

（9）资源管理系统

航班营运资源管理系统（RMS）是负责对机场营运资源进行分配和管理。RMS 分配的资源计划通过人工发布后为 AODB 使用，并只能修改 AODB 中航班的资源及其时间，而不能对 AODB 中航班的状态带来影响。

RMS 主要有 3 部分功能：

1）实时资源分配：对营运航班资源的调整。

2）模拟/预分配：对季度计划、短期计划、次日计划。

3）资源分配规则管理：对分配资源规则的统一管理。

（10）运行监控管理系统

运营监控管理系统（OMMS）是信息集成系统的一个组件。从功能上来分，它由以下部分组成：

1）机坪监控管理系统，用来管理和监控与外场相关的地勤活动。

2）旅客服务管理系统，用来管理和监控航站楼内的与旅客处理相关的活动，例如：值机、负载计划、登机、行李大厅的到港旅客处理。

（11）旅客信息服务系统

旅客信息服务系统由 VIP/CIP 服务和旅客意见反馈系统组成。

（12）应急救援指挥系统

任何影响机场正常运营或业务运作的异常事件可定义为事故。包括：航班相关事故，旅客相关事故，社会公共相关事故及典型突发事件等以及设施设备相关等紧急情况。这就需要一套完备的应急指挥系统（Incident Management System），以辨别相关事故，创建事故处理流程，具备对事故处理过程追踪记录的功能，收集处理事件时的关键统计数据，从而进一步提高机场对类似事件的应对能力，优化相关应急流程。该系统的一个重要特性，是将机场的组织架构与整体流程相关联。IMS 应是一个基于用户配置的自动工作流管理系统，应协助不同部门的职责/角色划分，并支持绩效权责追踪。

（13）航空业务统计系统

业务统计管理系统系统的目的是支持机场的管理、航站楼管理和对第三方组织在机场的行为活动加以管理的各种管理职能。

业务统计管理系统是地面运行信息系统的一个组件。系统由两个子系统组成：管理报表系统、业务分析支持系统。

（14）航空定价收费系统

该系统帮助机场管理部门制订与飞行有关的收费价格策略，并处理所有在机场发生的与飞行相关的计费。系统能提供机场航空定价和计费管理功能，处理如下费用：起降费、停机费、摆渡车/廊桥使用费、其他费用。

（15）系统接口

接口系统实现地面信息管理系统与其他弱电子系统的信息交换，使之成为一个整体，共同为机场的生产营运提供信息保障。

3. 离港控制系统（DCS）

（1）系统概述

离港控制系统是航空公司及其代理、机场地面服务人员在处理旅客登机过程中，用来保证旅客顺利、高效地办理值机手续，轻松地使旅客登机，保证航班正点安全起飞的一个面向用户的实时的计算机事务处理系统。该系统具备可靠性、实用性、先进性、开放性和可扩充性。本次设计的离港系统主要包括本地备份离港系统、离港前端应用系统、自助值机系统、行李再确认系统和系统接口。

离港系统是基于机场本地园区网，提供在本地和远端都可直接访问各后台离港主机应用的途径，使得航空公司在机场本地可以实现其后台离港主机原始操作环境下的离港系统功能，如：离港控制和管理，旅客值机、登机、配载平衡和旅客、行李的查询等，以及电子客票、常旅客、VIP服务等航空公司特性服务的应用等。同时，能够在无后台离港主机或机场与后台离港主机的连接中断时，提供本地及备份离港系统功能，并为其他系统提供数据接口。另外，还能提供多种离港功能和手段，如：自助值机、无线移动值机和远程城市值机。离港系统所提供的统计数据可作为机场进行有关分析的依据，通过离港系统接口与航空公司，地面信息等系统进行数据交换，实现数据共享。

（2）系统组成

离港系统采用本地备份离港模式，在与主机通信网络断线或主机出现故障的时候，提供在后台操作员的管理下启动本地备份系统。

系统由本地备份服务器、自助值机服务器、行李再确认服务器、行李报文接口服务器、集成接口服务器和离港值机、登机、配载、控制工作站等组成。其中，各服务器放置在ITC大楼离港机房内，值机、登机工作站分别位于值机柜台和登机口等。

（3）本地备份离港系统

本地备份离港系统（BDCS）是一个针对中航信离港主机的本地备份系统，该系统使用特定的图形用户界面，提供计算机化的旅客备份值机和登机服务。

（4）离港前端应用系统

离港前端应用系统功能主要包括值机功能、登机控制、配载平衡（LDP）、航班控制和管理等。

1）值机功能

通过离港终端完成旅客的乘机手续的办理，向旅客提供特殊服务以满足不同需求。

2）登机控制

航班数据控制系统（FDC），主要负责值机系统的数据管理工作；通常旅客值机航班由航班数据控制系统编辑，将季节航班表生成在系统中，为旅客值机做准备工作。重要的工作是向订座系统申请得到旅客名单。

3）配载平衡

载重平衡模块是一个前端界面，可以用来连接后台主机系统的配载平衡系统。其主要功能为：配载、油料处理、业载数据处理、计算功能等。

4）离港控制和管理

5）特性功能

① 远程异地值机

支持远程的网络接入方式以实现为远程工作站提供完整的旅客值机服务，对远程异地值机分散、客流量较小的地点，如火车站、酒店等地的旅客值机。

② 移动值机

在航班高峰时，通过离港控制系统无线LAN实现对移动值机功能的支持，并提供对BDCS的支持。

（5）自助值机系统

旅客通过分布在航站楼内等处的自助值机信息亭，不需要值机人员的干预，在自助值机信息亭工作台上的图形界面的引导下，自动阅读身份证或护照，自行选择座位，并打印出登机牌，办理值机手续，实现对电子客票的支持。

（6）行李再确认系统

行李再确认系统使用无线 LAN 技术和条形码技术，监视行李从值机到装机的全过程活动，自动进行行李跟踪和核对程序，符合 ICAO Annex 17 要求。

行李再确认系统通过与主机 DCS 的行李报文转发接口，接收主机 DCS 系统的行李标记信息后，使用无线便携扫描器，核对并分类装载不同航班的旅客行李，完整记录旅客行李的装载记录，并打印生成报告。

4. 航班信息显示系统（FIDS）

FIDS 系统是机场对外信息发布的重要手段之一，主要用于为旅客和工作人员提供进出港航班动态信息，引导出港旅客办理乘机、中转、候机、登机手续，引导到港旅客提取行李和帮助接送旅客的人员获得相关航班信息等。该系统能够为成都双流国际机场高效、优质的旅客服务提供自动化手段，保证机场正常的生产运营秩序，提高对旅客和中外航空公司的服务质量和机场形象。

FIDS 系统采用三层/多层分布式处理结构，提供最大的系统吞吐能力和移植能力。每一个应用在其相应的位置起作用，担负相应的工作，并兼容多线程并发事件的处理。这种处理结构允许每一个组件，按照其最优的方式独立地对信息进行处理。

系统由数据库服务器、应用服务器、系统维护管理工作站和显示终端组成。

数据库服务器的存储设备存储 FIDS 系统所需的航班动态信息、机场资源分配信息、基础数据、历史数据、设备信息等。通过与地面信息管理系统的接口，FIDS 系统实时获取机场航班信息等。

应用服务器包括数据接口、航班信息处理、显示业务调度、消息事务处理、显示服务等功能，实现数据库服务器与显示终端设备的数据通信，将数据库服务器的航班信息统一、实时、准确地发布到显示终端设备。应用服务器之间实现均衡负载。

系统维护管理工作站实现包括数据管理、设备管理、页面制作、远程控制、系统管理、查询统计等功能。

显示终端按旅客流程和需要分布在不同的区域，显示设备一般包括 TFT-LCD、PDP、LED、LCD 大屏等。

2.3.2 安全类弱电系统工程

1. 安全检查系统（SIS）

根据《中国民用航空安全检查规则》，为保证飞机的飞行安全，旅客的交运行李必须经过 X 光安检机的安全检查，只有通过 X 光安检机安全检查的行李才能装上飞机。机场安检系统的主要功能就是采用 X 光安检机对旅客和各类工作人员的随身携带物品，以及进入机场隔离区的货物进行检查，从而确保机场生产运营和空中运输各方面的安全性。安全检查系统用于安检口对旅客人身和随身行李以及旅客在值机柜台、大件行李柜台、中转行李柜台等地方交运的行李进行安全检查，完成对手提行李、交运行李和人身的安全检查。

安全检查系统主要包括交运行李安全检查、手提行李安全检查和人身安全检查三个部分。安全检查系统的三个部分互相配合，综合使用，为中外旅客的安全旅行和民航班机的安全提供重要保障。

交运行李安全检查方式分为两种：分散式安检、集中式安检。

分散式安检方式：在值机柜台后设双通道 X 光安检机检查，系统采用分层管理模式、集中开包检查(或现场开包检查)。双通道 X 光安检机采集的行李 X 光图像实时显示在计算机终端显示器上，由操作员判读决定是否可疑；如果可疑可由输送机传送到开包间，请求管理员做进一步检查，经管理员判图或其他手段确认后，可做开包检查。检查合格后，自动返回行李传送系统(现场开包检查方式则为开包人员在安检机初现场开包检查)。

集中安检方式：一组传送带或多组传送带集中设置 X 光安检机，所有行李都集中到 X 光安检机检查，行李 X 光图像实时显示在计算机终端显示器上，由操作员判读决定是否可疑；如果可疑可由输送机传送到开包间，请求管理员做进一步检查，经管理员判图或其他手段确认后，可做开包检查。检查合格后，自动返回行李传送系统。

大件行李采用单通道 X 射线机检查，如果发现可疑行李则采用现场开包检查方式。

机场内各类人员(包括旅客和工作人员)进入隔离区时的安全检查方式则主要采用 X 光安检机进行便携物品和行李的检查，采用通过式安全门检查人员随身物品，并用手持式的违禁品探测器作为确认的辅助手段。

X 光安检机安检系统采用网络技术分两级进行集中判读和管理。通过安检机的行李的图像及标志等信息按照控制服务器的调度，通过网络发送至相应的操作员工作站判读；若被检行李被认为有可疑物品时，操作员发出进一步检查指令，将行李信息传送到管理员工作站做进一步判读，行李的控制权移交管理员工作站；当确定行李需要开包检查时，即发出开包检查的指令，由开包员进行相应的处理。

本套系统可对来自位于机场内各处 X 光安检机所拍摄所得的 X 光图像数据资料实现集中及分布式存储和管理。这些 X 光图像数据资料既可保存在本地 X 光安检机电脑内，也可传输至安全检查系统主机，统一存储在磁盘阵列中，也可通过网络接口传输到安全信息管理系统，供安检人员随时查看旅客随身携带行李的 X 光图片，以配合其他信息，从而对机场内旅客和各类人员有综合、全面的了解。

2. 安全检查信息管理系统(SIMS)

安全检查信息管理系统是集旅客身份验证、肖像采集、航意险购买检查、安检过程录像、行李 X 光照片采集、行李开包录像、安检人员管理和布控信息管理于一体的综合性安全检查信息管理系统。系统通过计算机网络，综合利用机场现有安全检查设施和信息资源，提高安检质量，规范安检管理，最大限度地确保空防安全。

安全检查信息管理系统以离港旅客安检业务流程为主线，通过接口采集旅客离港信息、行李 X 光图像信息、航班动态及时钟同步信息。包括以下功能：

(1) 旅客值机信息获取、交运行李图像采集。

(2) 交运可疑行李开包过程录像/监听和开包日志管理。

(3) 旅客照片采集、布控、航意险检查、行李状态提示。

(4) 手提可疑行李开包日志管理。

(5) 安检过程录像/监听。

(6) 登机二次复查。

(7) 安全检查信息管理系统的管理功能。

3. 安全防范系统（SDS）

安全防范系统一般包括安防集成管理系统、闭路电视监控系统、出入口控制系统（门禁系统）、防范报警系统、巡更系统等。

（1）安防集成管理系统

安防集成管理（SIS）系统是整个安防系统的集成平台，是闭路电视监控系统、门禁系统的联动控制枢纽，完成安防系统内各系统之间的信息交换及联动控制，满足机场各部门如安全、生产、消防、机电运行等部门的要求。也是与其他弱电系统如地面信息管理系统、时钟系统、围界监控报警系统等的系统接口平台，完成安防系统与其他弱电系统的信息交换。

（2）闭路电视监控系统

闭路电视监控系统（CCTV）在机场生产中起到了越来越大的作用，不仅要满足机场安全管理的需要，而且要满足：所有建筑区域的消防报警后复核现场监控；设备设施监控：电梯、扶梯、机房、设备管廊等区域设施设备运行管理监控；运行管理监控：公共区、隔离区、空测区、陆侧区、通道等场面生产管理监控。闭路电视监控系统是机场生产不可缺少的重要的弱电系统。

本系统一般设置控制中心：公安监控中心、消防监控中心、指挥中心监控中心、行李监控中心、安检监控中心等。具有控制权限控制功能：优先级别从高到低分别为：公安分控中心、指挥运行中心、行李分控中心。各中心内设置控制键盘，从而完成对重点监控对象、报警后的视频图像和想监督查看的视频图像等视频信息的调用、监督的任务。

新建机场闭路电视监控系统（CCTV）一般采用全数字化视频传输、存储与控制，是一套全数字化监控系统。实现方式一：前端采用全数字化摄像机，在以太网络中传输的数字图像信号，进行网络控制、传输、显示、存储，在各功能控制中心及监控分控中心通过视频解码器将数字视频信号还原成模拟信号在常规显示器上显示；实现方式二：前端采用常规模拟摄像机，通过视频同轴电缆将模拟视频信号传输到机房，在机房内通过视频编码器将模拟信号转化为在以太网络中传输的数字图像信号，进行网络控制、传输、存储、显示，在各功能控制中心及监控分控中心通过视频编码器/解码器，将数字视频信号还原成模拟信号在常规显示器上显示。

（3）出入口系统

门禁系统（ACS）主要完成各工作区之间的隔离、公共区域与隔离区之间的隔离，实现不同部门及工作性质的工作人员流动控制，完成主要设备机房的安全控制。

门禁系统主要由读卡器、区域控制器、门禁服务器、自动面相识别、指纹识别等组成，本系统将与安全集成管理系统集成，实现与CCTV、火灾自动报警系统、地面信息管理系统等联动。门禁系统区域控制器报警输出以干节点方式接入监控系统视频编码器，实现门禁报警与摄像机的联动控制。

系统总体功能：

1）制卡、发卡；

2）门禁控制；

3）临时访客管理控制；

4）报警管理；

5）应急管理。

2.3.3 其他弱电系统工程

1. 公共广播系统（PAS）

该系统是一个机场航站楼专用的综合性广播系统，主要功能是在航站楼的各公共区域广播机场航班动态，为旅客提供航班信息；同时，还能广播机场业务信息，满足航站楼生产调度的要求；在有火灾报警信号时，切换为消防广播使用，广播火灾通知，满足消防的需要。

系统与航班信息显示系统接口，自动播放各类航班动态信息和机场服务信息，提高机场服务的自动化程度；为方便来自不同国家和地区的旅客，根据民航规范，系统采用普通话、英语及可选语种（日语、韩语、俄语、法语等）广播。

广播内容遵循《民航机场候机楼广播用语规范》、《民航机场候机楼广播服务用语》。播音方式可采用人工、半自动和全自动三种。

该系统与航班信息显示系统接口，在业务广播时，主要由自动广播及人工广播组成，自动广播系统根据航班动态信息自动生成航班广播信号，在相关区域广播；在登机口、服务柜台及功能中心等地方，可根据需要通过人工呼叫站进行人工广播；在其他紧急情况下，公共广播系统可进行紧急广播，指导旅客疏散，调度工作人员进行应急处理工作。

在消防广播时，消防控制中心工作人员通过消防广播控制台启动本航站楼的消防广播（预录广播或人工广播）或通过人工呼叫站进行人工广播。

自动广播内容遵循民航机场广播用语规范，主要有：

出港广播：正常登机广播、催促登机广播、飞机延误广播、航班取消广播、免费服务广播。

进港广播：对旅客广播、对接客人广播。

例行广播：乘机手续广播、卫生公约广播、背景音乐等。

火灾自动广播：报警状态广播、火灾报警确认广播、误报说明广播等。

采用自动分区广播方式，不同的广播内容仅在指定区域中进行广播，能够满足航站楼不同部门对广播系统的要求。

扬声器的选择：根据电声设计，结合建筑装修的特点，在公共区域应采用隐蔽安装。

2. 行李处理系统（PBPS）

行李处理系统一般包括交运行李处理、大件行李处理等，其中交运行李流程原理见图 2.3-1。

行李处理系统采用人工分拣/自动分拣处理、常规安检/集中安检方式。

行李处理系统一般分为：交运行李离港系统、行李进港系统、大件交运行李系统、备份系统、安全检查系统。

行李处理系统采用人工分拣/自动分拣处理、常规安检/集中安检方式。

行李处理系统一般分为：交运行李离港系统、行李进港系统、大件交运行李系统、备份系统、安全检查系统。

3. 泊位引导系统（VGDS）

泊位引导系统的主要功能是引导飞机从站坪的最后一段滑行到相应机位，并准确地停靠在停止线上，它是航班安全保障系统的一个重要组成部分。

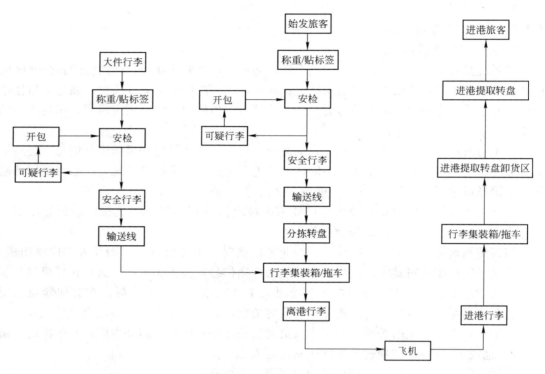

图 2.3-1 交运行李流程原理

泊位引导系统依据所采用数据采集单元的不同，分为基于视频技术的泊位引导系统和基于激光技术的泊位引导系统。

系统主要由数据采集单元、引导控制单元、引导显示单元、登机桥手动操作面板、系统服务器和控制管理工作站组成。

（1）数据采集单元

基于视频技术的系统所采用的数据采集单元为摄像机，主要用作飞机泊位过程的数据采集。系统还另外配置摄像机用作该过程的过程录像。

基于激光技术的系统所采用的数据采集单元为激光发射接收装置和摄像机。其中，激光发射接收装置用作飞机泊位过程的数据采集，摄像机用作过程录像。

系统根据航班动态信息来激活泊位系统现场设备，摄像机开始对飞机进行视频图像拍摄，或者激光发射接收装置开始测量飞机的位置和方向，为引导控制单元提供计算参数，直至整个引导过程结束。

（2）引导控制单元

引导控制单元由内嵌于显示单元机箱内的基于工业控制的 PC 构成。

引导控制单元接收数据采集单元采集来的数据信号，通过分析处理后生成机型信息，与从系统服务器接收来的机型信息进行对比，确认无误后给出"引导准备就绪"的提示信息，开始引导过程。在引导过程中控制单元一方面通过对所采集数据的实时处理，得出飞机偏离泊位中心线的方向信息和与停靠点的距离信息；一方面接收可能自系统服务器或登机桥手动操作面板传来的"紧急停止"等信息，控制显示单元的显示，引导飞机安全、快速、准确的停靠。

引导控制单元同时记录引导过程的各种过程数据，并负责与系统服务器和其他设备的通信。

（3）引导显示单元

显示单元在引导控制单元的控制下，以字符和图形的形式显示诸如机位号、航班号、机型、偏离中心线的偏移量、距离停靠点的距离、"就绪"、"停止"、"完成"等泊位引导过程的各种指令数据。引导显示单元闲暇时，还作为航班信息或其他信息的显示。

（4）登机桥手动操作面板

登机桥手动操作面板安装在登机桥控制装置旁，与引导控制单元直接通信。

手动操作面板有机型选择、系统工作状态监测、通信状态监测以及紧急停止命令发布等功能，主要完成对泊位引导过程在登机桥处的人工操作和控制。

（5）系统服务器

系统服务器运行系统管理软件，主要功能是响应机位分配信息，完成机型下载，并将这两种信息下传至对应机位的引导控制单元，控制激活现场设备；监视登机桥状态，监视系统设备的工作状态、故障报警状态；上传机位状态信息、飞机到场/离场信息；进行引导过程数据记录以及生成各类统计报表等。

4. 内部调度通信系统（Intercom）

内部调度通信系统（简称内通系统）是航站楼内建立的一套独立调度通信交换网，供航站楼内各业务部门之间指挥调度、相互通信使用。内通系统在内调程控交换机处设有数字式多轨语音记录仪，以记录或查询生产指挥调度的重要通话记录。系统通过接口计算机，与地面信息管理系统交换数据信息。

5. 呼叫中心系统（CALL CENTER）

呼叫中心作为高效的综合信息服务平台，是一个集计算机技术、Internet 技术、CTI 技术、IVR 技术、数据库技术、CRM 技术、PBX 技术、网络技术等为一体的集成系统。它将机场内分属各职能部门为客户提供的服务，集中在一个统一的对外联系"窗口"，通过采用统一的标准服务界面，为用户提供系统化、智能化、个性化、人性化的服务。

呼叫中心系统作为机场提升服务质量、提高服务效率、塑造良好形象的核心工具和手段，能够最大限度地增加机场的经济效益和社会效益，该系统主要提供的服务包括：一是为旅客提供航班查询、货运查询、订票服务、机场服务查询、民航知识服务、旅游景点及线路查询等；二是为机场及驻场单位提供设备设施故障报修等。

6. 时钟系统（MCS）

航站楼时钟系统主要通过前端多种子时钟设备为旅客实时、准确地发布时钟信息，以便为进/出港旅客及机场工作人员提供准确的时间服务，避免因显示时间的差异造成不必要的误时矛盾与纠纷；同时，也为航站楼整个 IT/弱电子系统以及其他电子设备提供标准的时间源，以便协调航站楼内各部门间的统一工作。

航站楼时钟系统由 GPS（全球定位报时卫星）校时接收装置、中心母钟、二级母钟、子时钟、时钟监控计算机系统、网络时间服务器（NTP）和通信线路等部分构成。

其他弱电系统如综合布线系统、室内覆盖系统、火灾自动报警系统（FIS）、楼宇智能管理系统（BMS）、有线电视系统（CATV）、工程地理信息系统（GIS）、办公自动化系统

（OA），商业零售与管理系统（POS）等弱电系统为智能楼宇通用系统，不作详细介绍。

2.4 目视助航工程

随着民用航空事业的发展，目视助航灯光系统的组成、灯具及其控制设备都在不断地更新，目视助航功能越来越强，尤其是光源、控制设备和控制系统发展更快。要搞好目视助航工程建设，必须对其有所了解和认识。

2.4.1 新光源的应用及助航灯光发光强度、亮度、色度的检测

目前，机场目视助航灯光的光源大多消耗电能较多，使用成本较大。随着电子工业的发展，LED这一节能光源在机场目视助航灯光中的应用成为很多公司研究的课题。现在，跑道边灯、跑道入口灯、跑道末端灯、滑行道边灯、标记牌等立式灯具因其出光口面积较大，光强要求不很高，使用LED这一节能光源作为灯具光源已无问题。新光源的应用，使灯具光效更加高，以较小的功率达到同样的光强，特别是LED的应用，大大降低光源功率，光源的寿命延长上十倍，目前普遍应用于滑行道边灯及障碍灯。有的机场使用滑行道边逆向反光标志物代替滑行道边灯，用滑行道边逆向反光标志物代替滑行道边灯时，优点是节约电能，布置的方式应如同滑行道边灯一样，直线段间距应适当减小。规定作为高级地面活动引导及控制系统的一部分的停止排灯，如从运行的观点认为，为了在很低能见度或晴朗白昼条件下保持一定的地面运转速度需要较高的光强，其光学特性应符合国际民航组织《附件十四》的标准要求。

虽然航空器无线导航设备越来越完备，功能越来越强大，但目前助航灯光仍是航空器驾驶员起飞着陆和滑行的重要目视参考参照，其正常工作对航空器的安全起降非常重要。建立检测制度和数据库，定期抽检并统计分析数据变化，为调整完善灯具维护维修计划和备件采购计划提供参考数据，是实现助航灯光预防性维护的重要工具。

发光强度是助航灯光最为重要的性能参数，受关注程度较高。各个机场、设备生产厂商也采用了各种技术手段和设备进行检测。但就光学测试设备而言，直接测试发光强度的设备还较少，比较专业、复杂。目前，基本采用照度计测量照度值，然后转换为发光强度的间接方法实现对发光强度的检测。

组合式照度计（系统）：组合式照度计（系统）是在便携式照度计的基础上发展起来的检测设备。其将数个照度计的感光探头横（竖）向连成一排，可利用支架和转台精确地移动指定的距离或角度，能通过计算机接收照度计数字输出信号，并通过软件换算数据绘制等光强曲线。

由于采用了支架和转台结构，该系统需在固定在封闭室内，无法在室外使用。该系统的操作较为简便，基本可由一人在计算机前完成数据采集、数据传输、单位换算、等光强曲线绘制等工作。同时，由于采用计算机系统计算，检测的时间大为缩短，使增加检测点提高等光强曲线精度成为可能。该系统的核心部件仍是照度计，其精度和灵敏度受控环节与便携式照度计基本相同。虽然该系统较便携式照度计要复杂些，但增加的计算机和支架转台只是替代了人工测试计算的繁琐工作，其检测部件仍是照度计。因此，在首次投入使用时，由权威部门确认计算机软件功能设计无误，支架转台转动角度在许可范围以内，则剩余的计量工作与便携式照度计完全相同。

该系统结构简单，功能较强，同时克服了便携式照度计繁琐耗时的缺点，具有较强的

实用性。虽然仍存在单位换算的误差，但由于数据量的增加，这种误差可以尽可能地减小，较适合对检测结果精度有一定要求的单位使用。

大面积发光强度测试系统：大面积发光强度测试系统是一次成像测试灯具全部发光范围光强的测试系统。与照度计逐点检测不同，它是利用 CCD 感光原理，利用数码照相机拍摄灯具投射在前方白色屏幕的光束图像，并通过计算机计算分析数据，并绘制等光强曲线。

由于需在不受其他光源干扰的环境中进行测试，且需要固定 CCD 和幕布，该系统需在固定在封闭室内，无法在室外使用。该系统的操作较之组合式照度计更为简便，不但可由一人完成数据采集、数据传输、单位换算、等光强曲线绘制等工作，同时由于是一次性 CCD 成像计算绘图，检测的时间缩短至数分钟。

由于采用了 CCD 感光元件，有 10 万多测试点可同时进行测试计算，较之照度计的测试点数是数量级的增长，因此，绘制的等光强曲线比照度计精度要高出许多。同时，该系统精度还可通过软件调节。为确保系统整体精度，对软件调节功能要求较高，包括发光强度绝对值精度和光强分布精度。同时，对于不同颜色光束也可做出不同的调整。另一方面由于采用 CCD 感光部件，系统的灵敏度较高，可达 0.05cd。但是该系统的计量难度较大。作为非标准设备，目前权威计量部门没有该类设备的计量标准和计量规程，需制定特定的计量方法。此系统不能如组合式照度计系统仅对感光部件进行计量，需对包括 CCD 照相机和计算机软件在内的整体系统进行计量，因其数据修正、单位换算和最终结果都与软件算法有密切关系。同时，对于系统坐标系的固定和对应也有一定要求。

大面积发光强度测试系统专业性较强，集成度较高，具有测试精度高、检测速度快、操作简便、结果直观等优点。但同时系统费用较高，对软件的依存度较大，计量较为困难。适合有技术管理水平，测试量较大的部门使用。

光学性能测试车：光学性能测试车是国外开发的新型测光设备，其将测光系统的高效易用和车辆的移动便捷结合于一体，可一次性对跑道甚至是滑行道内的助航灯光进行全面、整体的测试，检验系统的整体效果，与其他测试设备单个抽检灯有根本性差异，是较为理想的测光解决方案。

测试车的移动性能无疑是众多测试设备中最为出众的，可在飞行区范围内对助航灯光进行现场测试。车载的检测系统的操作类似大面积发光强度测光系统，基本可由一人通过车载计算机系统全部完成。但是测试车的操作不单是测光系统，还需车辆行驶的配合，后者对于测试结果有较大的影响。测试车的灵敏度取决于车载测光系统，基本可满足用户需求。影响测光车的精确度的环节较多，包括车辆行驶路线、速度、环境，其他灯光干扰程度等都可能对测试结果造成影响。因此，测试车的精度较之其他测光设备要逊色一些。与大面积发光强度测试系统相似，权威计量部门尚无该类设备的标准和计量规程。由于测试车应用于现场且测试系统处于移动状态，其测试结果的准确度不单取决于测试系统，还与测试的现场环境、车辆行驶等密切相关。同时，软件的算法、校准功能和测试程序也都与计量效果直接联系，计量难度非常大。

测试车便于现场测试，可直接获得灯光系统整体效果的优点十分突出。国际民航组织《附件十四》中建议"助航灯光检测应尽可能做到测量所有的灯具，应采用足够准确度的移动式的测量设备"，应该说测试车是未来机场助航灯光检测的发展趋势。但目前在系统精确度和计量等方面尚有待改进和完善。

亮度的检测手段和技术：

亮度指标主要用于对滑行引导标记牌的测试。国际民航组织《附件十四》附录4中对于标记牌的亮度要求和测试方法都做了详尽的说明。目前，测试亮度的仪器主要以亮度计为主，且产品大都设计为便携式，在室内室外均可使用，操作简便，便于用户使用。

目前的亮度计基本可直接提供亮度值。为确定标记牌的亮度分布情况，应在获得各个测试点的亮度数值后，必须根据国际民航组织《附件十四》附录4中的要求，计算平均亮度，这样方可对标记牌的亮度和均匀度进行评判。

针对标记牌检测，选择亮度计可主要考虑产品精度和视场角两个参数。对于精度应选择不高于4%的产品。对于视场角的选择也是基于测试精确度的考虑，视场角的大小与测试面积的大小成正比，根据《附件十四》建议的方法，每个测试点的面积一般都不宜超过$10mm^2$。一般情况下亮度的测试距离在10m以内，如视场角过大，则实际测试面积无法满足标准测试的需要。目前市场的亮度计视场角从$20°\sim1/3°$，建议选择的视场角不大于$5°$。

色度的检测：虽然色度指标在《附件十四》中也是作为重要参数对各类灯具和标记牌的颜色标准做了明确要求，但在实际生产、运行和监管的各个环节中色度均是最为忽视的光学指标，一般只关注颜色定性判断，至于细节评判，比如红是偏黄、偏紫，还是在标准范围内，还没有检查对比的意识。

仅凭肉眼要分辨颜色细节是困难的。对于色度的检测，一般使用的仪器是色度计或色差计。

目前，常用的便携式色度计和色差计采用分光技术光谱扫描技术或积分球技术，可直接向用户提供被测试点的X/Y坐标值，精度可达4%以内，灵敏度XY轴均可达0.001，完全能够满足助航灯光测试的需要。从设备发展的趋势来看，越来越多的测试仪器功能高度集成化，一台设备可测试多个指标，比如亮度计可测试亮度和色度、照度计可测试照度和亮度等。

2.4.2 EPS装置和正弦波调光器

1. EPS装置

EPS装置，即静态交流应急电源装置。英文全称：Emergency Power Supply。

EPS装置的组成与UPS相同。主要由可控硅整流器、滤波器、逆变器、静态开关、蓄电池组、保护信号装置组成。EPS装置的作用同UPS相同，即市电故障或失电时，能够保障负载连续应急供电。

市电正常时，负载由市电供电逆变器不工作；当市电故障或失电时，由蓄电池向负载供电。

EPS装置的特点基本与UPS相同。EPS装置和UPS装置在用途上有着区别。

UPS不间断电源装置主要用于计算机一类的负载，其电源切换时间小于等于4ms（50Hz）。高速可达小于等于1ms。这是因为计算机的数据在正常电源断电后，如切换时间大于等于5ms时，未保存的数据将全部丢失。

EPS应急电源装置主要用于消防设备和应急照明类负载，其电源切换时间小于等于$0.25\sim5s$。

目前，UPS 和 EPS 装置生产厂商较多、质量优劣不同、价格高低不等。

2. 正弦波调光器

恒流调光器按其采用的功率器件常分为磁放大器式、铁磁谐振式和可控硅式恒流调光器。

在 20 世纪 50～70 年代，我国机场普遍使用磁放大器式恒流调光器。它是利用磁性材料的有效磁导率随直流控制电流的磁化作用而变化的原理，来改变交流有效电抗值，从而改变输出电压。直流电流增加，交流有效磁导率降低，有效电抗值减少。这类调光器的特点是体积大、噪声大、效率低，目前已经淘汰。

可控铁磁谐振调光器其执行元件是铁磁谐振变压器。铁磁谐振变压器的初级和普通变压器一样，工作在铁心磁化曲线的线性段，而次级铁心由于增加了磁分路和输出并联电容而工作于饱和状态，此时铁心线圈输出电压仅与铁心截面、最大磁感应强度和线圈匝数有关。当使变压器次级铁心脱离饱和区，并且由外电路的开关来模拟其次级铁心的饱和状态，人为地改变外电路开关动作的时间即可调整输出电压。这类调光器在外国产品也可以见到。其特点是体积大、噪声大，同样的负载需要更大功率的变压器。

随着电力电子技术的不断发展，20 世纪 60 年代以后，以晶闸管为代表的各类高电压、大电流半导体开关器件相继研制成功并得到广泛应用。利用半导体开关型电力变换电路，可以经济、有效地将一种频率、电压、波形的电能变换为另一种频率、电压、波形的电能，再对负载供电，使用电设备在最佳的供电电源下工作，获得最大的经济效应。仅作为负载供电电源而论，开关型电力电子变换电源在工业、交通、军事设备、尖端科技等领域中以及日常生活中获得了广泛的应用。可控硅移相调压式恒流调光器，即是以晶闸管作为功率开关器件，目前为世界上绝大部分机场的助航灯光系统所使用。该类型调光器通常由主电路、同步电路、交直流转换电路、触发电路和单片计算机系统组成。系统利用单片机的输入/输出作为可控硅的相位同步和可控硅的触发信号，利用单片机的 A/D 转换器作为系统的电流/电压输入接口。系统设有数字电流控制器，并由此构成电流闭环系统。可控硅移相调压式恒流调光器虽然比起前两种调光器来在控制性能、报警功能及体积、噪声、效率等方面都有了很好的改善，但这种调光器存在波形畸变大、电网要求高、对电网污染严重、效率低、负载适应能力差等缺点。

进入 20 世纪 80 年代中期，出现了新一代半导体电力开关器件—绝缘门极双极型晶体管 IGBT。这是一种复合器件，它的输入控制部分为场效应管（MOSFET），输出级为双极结型三极晶体管，因此，兼有 MOSFET 和电力晶体管的优点：高输入阻抗，电压控制，驱动功率小，开关速度快，工作频率可达 10～40kHz，饱和压降低，电压、电流容量较大，安全工作区较宽。在中大功率的开关电源装置中，IGBT 由于其控制驱动电路简单、工作频率较高、容量较大的特点，已逐步取代晶闸管。目前 2500～3300V、800～1800A 的 IGBT 器件已有产品，可供几千 kV·A 以下的高频电力电子装置选用。IGBT 的智能功率模块 IPM（Intelligent Power Module），是将输出功率器件 IGBT 和驱动电路、故障检测电路及多种保护电路集成在同一模块内。与普通 IGBT 相比，在系统性能和可靠性上均有进一步提高。目前，也有不少研究人员采用新型功率开关器件 IGBT 来设计恒流调光器，但其主控制芯片仍采用单片机，且控制方式大都为数、模混合控制。

下面介绍一种正弦波调光器原理，以 TI 公司 TMS320LF240X 系列 DSP 取代以往的单片机为主控制芯片实现调光器的全数字控制，采用智能功率模块 IPM 取代以往的可控硅晶闸管作为功率变换器件，应用正弦脉宽调制（SPWM）方法对功率变换电路的智能功能模块（IPM）开关状态进行控制，通过控制算法实现对灯光回路高精度恒流控制的全数字式恒流调光器，实现调光器的标准正弦输出。

DSP（Digital signal Processor）：数字信号处理芯片。DSP 芯片是一种适合于进行实时数字信号处理运算的微处理器，其主要应用是实时、快速地实现各种数字信号处理算法。实时处理是指必须在规定的时间内完成对外部输入信号的处理运算。与通用单片机相比，DSP 芯片具有更加适合于数字信号处理的软件和硬件资源，可用于复杂的数字信号处理算法。

2.4.3　地面活动引导及控制系统

低能见度已经不再成为飞机降落的一个问题，但是在降落后、在地面运行过程中，飞机入泊位效率成了影响机场运营的一个重要问题。

机场应设置一套地面活动引导及控制系统（SMGCS），SMGCS 的重要性将不可估量。

SMGCS 是指一个由助航设备/设施、非目视助航设备、无线电话通信、程序、管制和信息设施等适当地组合而成，高级的地面活动引导及控制系统，称为 A—SMGCS，该系统的设计应达到以下为目标：

（1）防止飞机和车辆因疏忽侵入使用中的跑道；

（2）防止在机场活动地区的任何部分飞机与飞机以及飞机与车辆或物体发生碰撞；

（3）使地面交通顺畅从而减少地面延误以保持和扩大机场容量；

（4）减轻空管人员的劳动强度以减少指挥差错；

（5）具备与其他有关系统接口交换信息的能力；

（6）具有监视、指定路线、引导和控制功能。

所有的机场都有某种形式的 SMGCS。这些系统繁简不一，可以是最简单的、用于仅在能见度良好时运行的交通量不大的小机场或是很复杂的用于繁忙的、在低能见度运行的大机场。

目视助航设备在 SMGCS 中起两个主要作用：引导飞机到目的地和为了安全运行对飞机进行管制。用目视助航设备提供的引导和管制的程度取决于以下因素：机场交通密度、机场拟定运行时的能见度条件、飞机驾驶员确定方位及其所在位置的的需要、机场布局的复杂性及车辆的活动。

高级地面活动引导及控制系统（A—SMGCS）与 SMGCS 的区别在于：A—SMGCS 可以在一个大得多的天气条件、交通密度和机场总体布置规范内提供全套个性化的服务。在所有的情况下它都要用通用的模块。在特殊情况下使用的模块，将由每个机场特定的要求确定。A—SMGCS 应当为活动区上的所有飞机和车辆提供准确的自动引导及控制，并且还应当能够保证所有运动着的飞机和车辆之间的间距，特别是在那些不能用目测来保持间距的情况下。A—SMGCS 的使用将导致许多系统功能责任的重新分配更加合理，能够减少驾驶员及管制员的疲劳程度。有些功能将使用自动化来提供路线指定、引导和控制。A—SMGCS 涉及低能见度运行，但不仅限于低能见度运行，在高能见度情况下也能取得机场容量的显著改善。

ICAO 所定义的 A—SMGCS 是一系列实现不同功能的模块化系统，该系统能在所有的机场环境(能见度、交通流量、机场复杂的布局)下，保证机场上的飞机和其他交通工具安全、有序而又迅速地移动。同时，系统也整合考虑了在不同能见度条件下机场要求的客流容量的需求。利用电子技术，使助航灯光监控系统控制准确、可靠，利用载波技术，实现灯光的单灯监控，完成 A—SMGCS 系统飞机滑行自动引导。

A—SMGCS 是 20 世纪 90 年代中期开始逐步发展起来的高新技术，其目的是实现机场飞行区地面交通的自动化管理。A—SMGCS 利用场面监视雷达、多点相关定位系统等手段，跟踪监视全场飞机的运行状态，结合航班动态信息、机位分配信息、气象信息及能见度条件等相关信息，并根据地面运行程序和规则，为每架到港/离港飞机设定滑行路由；然后，通过可单灯控制的滑行道灯光系统，自动为飞机提供目视引导，飞机只需跟随"绿灯"滑行即可。采用这种运行模式将大大提高机场的运行效率，保障安全，降低管制人员的劳动强度。

A—SMGCS 系统的组成：由助航灯光监控系统(包含单灯监视与控制)、地面雷达监视系统、航管和气象系统、车辆管制系统、泊位引导系统、门禁系统以及与飞行区飞机与车辆运行有关的其他系统的集成系统。它通过获取各子系统的相关信息，经计算机软件处理形成一系列运行指令并作用于助航灯光监控系统，完成自动开启部分灯光，形成自动引导飞机和车辆安全而且有效地运行。

实施 A—SMGCS 系统的运行，涉及活动区内活动物体的全自动引导，除具备功能完善、可靠的硬件设备和软件组成的先进系统外，还需要有相应配套的运行管理体系做保障。

3 民航机场工程建设重大工程

3.1 大型机场扩建工程

3.1.1 北京首都机场扩建工程

1. 首都机场扩建工程概况

首都机场扩建工程是国家重点工程，也是保障 2008 年北京奥运会顺利召开的重要配套工程。

首都机场自 1959 年建成以来经历了几次改扩建。在 1999 年的扩建工程竣工后，机场拥有 2 条平行跑道，飞行区指标为 4E；2 座航站楼，其中 T1 航站楼建筑面积 7.8 万 m²，T2 航站楼建筑面积 32.65 万 m²。其设施满足年旅客吞吐量 3500 万人次，年货运邮吞吐量 78 万 t。

改革开放来，首都机场的航空业务量一直迅速增长。2007 年机场旅客吞吐量位居全球第九位，达到 5347 万人次，货邮吞吐量 120 万 t，飞机起降 39.97 万架次，航班班次曾一度达到每天 1450 架次，首都机场业已成为旅客吞吐量、货邮吞吐量和起降架次三大业务指标均进入世界前 30 名的机场。然而无论是空域还是机场地面设施，首都机场现有资源的利用已达到极限，处于严重超负荷运行状态。为了满足未来发展的需要，特别是满足 2008 年北京奥运会的需要，首都机场急需进行再次扩建。

2003 年 8 月，首都机场扩建工程经国家批准立项，于 2004 年 3 月开工建设。历经 3 年零 9 个月的紧张施工，2007 年 12 月首都机场扩建工程顺利竣工，并通过了民航总局组织的行业验收。

2008 年机场旅客吞吐量提升到全球第八位，达到 5594 万人次，货邮吞吐量 137 万 t，飞机起降 42.96 万架次。

本期扩建工程以 2015 年为目标年，满足年旅客吞吐量 7600 万人次，年货邮吞吐量 180 万 t，年飞机起降 58 万架次以上。扩建工程完成后，首都机场将实现三大目标：一是实现枢纽机场功能；二是满足北京奥运需求；三是创造国门新形象。通过本次扩建，使首都机场成为世界一流水平的、东北亚地区大型的枢纽航空港，提升了国际竞争力。

首都机场扩建工程建设规模之浩大，采用技术之先进，在中国民航机场建设史上都是空前的。本次扩建主体工程包括：

（1）新建第三条跑道。第三条跑道按 4F 等级标准建设，长 3800m，宽 60m，满足 A380 飞机的使用要求。主降方向的仪表着陆系统和助航灯光系统具备ⅢA 精密进近跑道运行条件。

（2）新建第三座航站楼（T3 航站楼）。新建航站楼位于原东跑道和第三跑道之间，建筑面积 98.6 万 m²，由 T3C 航站楼（主楼及国内候机），T3D、T3E 指廊（国际候机）三部分组成，三座楼之间由 2.1km 的旅客捷运系统连接。楼内设行李系统，传输线路 68km。配备先进、现代化的机场信息系统和机电设备。新增机位 125 个，其中近机位 83 个，远机位 42 个。

（3）新建停车楼，建筑面积 30 万 m²。该楼位于 T3C 航站楼南侧，为椭圆形下沉式两层建筑，南北长 350m，东西宽 550m，设停车位 6834 辆。屋顶进行绿化。

（4）新建交通中心，建筑面积 4.5 万 m²。该建筑位于停车楼屋顶之上，为两层建筑，屋顶为双曲面钢结构及玻璃顶，总建筑面积 4.5 万 m²，主要功能为东直门至机场的轻轨 T3 站台，设计四条轨道线。

（5）公用配套设施：新建及改造 110kV 变电站各 1 座，场外供电线路 16.9km，配套建设场内供电、供水站、制冷站、改造供气站、污水处理厂，建设中水回用系统，建设相应的管网系统。

其他配套设施包括航空配餐、消防救援、生产及辅助用房、货运以及空管、供油、飞机维修等设施。

首都机场扩建工程建设体现了以下十大功能特色：

（1）T3 航站楼的建筑雄伟壮观。其建筑方案是世界著名的建筑大师诺曼·福斯特先生设计的作品，具备世界一流枢纽机场的建筑功能和特色。建筑宏伟、大气、通透，金顶红柱，体现了北京的文化特色，展示了国门的崭新形象。

（2）T3 航站楼内独特的十组文化景观。文化景观多数取材于北京皇家建筑的经典作品，与主楼协调一致地融入了中国传统文化和现代建筑风格，集观赏性与功能性于一身，在颂扬中华文明的同时，又具有旅客对 T3 航站楼的坐标定位功能。

（3）大楼注重了人性化功能。航站楼建筑通透大方，色彩独特，标示清晰，给旅客美好的旅行感受；自动步道代步 4.8km；残疾人通道完备；设有独立的残疾人和母婴卫生间。

（4）综合交通畅通。T3 航站楼楼前道路宽敞，方向清晰。新建第二进场高速路直通 T3 航站楼，轨道交通从东直门直通 T3 航站楼的交通中心和 T2 航站楼，李天高速路连接两条进场高速公路，北线高速路通至机场北面的货运区。

（5）国内首次采用多楼连通的轨道旅客捷运系统（APM）。该系统轨道长度 6km，每小时运送旅客 8200 人。旅客在 T3C 主楼办票之后，乘坐旅客捷运系统可以快捷地到达 T3D、T3E 和 T2 航站楼。

（6）行李处理采用国际最先进的自动分拣和高速传输系统。该系统占地 12 万 m²，输送线路总长 68km，传输速度最高达 7m/s，每小时可处理行李 2 万件。

（7）机场信息系统达到高度集成和现代化水平，并有充分的灾难备份和升级的裕度。

（8）国内机场首次采用高级地面活动系统（A-SMGCS），该系统能自动引导地面飞机和车辆安全行驶。

（9）双层多功能登机桥为国内首次采用。69 座登机桥固定端供进出港共用，其中有 18 座组合登机桥可同时服务于两架飞机。

（10）建筑与环境、环保同步建设，构成同一亮丽景观。进场高速路两侧是宽阔的绿化林带；停车楼屋顶为 15 万 m² 的花园；2.1km 的捷运系统两侧为景观绿化带；把雨水调节池建成 10 万 m² 的"西湖"，湖边有 20 万 m² 的湖岸绿地；新增绿化面积 400 万 m²，构成了一座美丽的园林机场。

2. 工程管理经验和管理创新

扩建工程规模庞大，工期不容拖延。为了在十分紧迫的工期内保证工程按期竣工，扩建工程指挥部在工程建设过程中创造了一系列行之有效的工程管理方法，积累了丰富的工程管理经验。

（1）采用与国际接轨的菲迪克条款（FIDIC）＋行政指挥＋项目承包的建设管理模式。严格执行国家基本建设程序，执行基本建设四项制度和三级质量保证体系。

（2）实行里程碑目标责任制的管理。实行总工期目标下的五个阶段目标奖惩责任制。经领导小组和民航总局批准，实行目标奖惩。确保了四个施工阶段目标的实现，保证总工期。实行风险管理，关键项目和重大风险指挥长亲自每周调度，直至化解风险。

（3）坚持国内设计为主，集中现场设计，坚持设计优化，把握设计进度和质量，避免失误，避免返工浪费。具体做法包括：

1）以国内设计为主。北京市建筑设计院和 JV 联合体合作设计 T3 航站楼，在方案征集过程中即买断外方产权。设计合同由中方主包，并承担三项责任和四项权利（法律责任、质量责任、进度责任；总包控制权、对外方设计的修改权、补充权、对外方延误的惩罚权）。

2）中外十余家设计单位的数百名工程师全部集中现场设计，加强技术协调，有效保证设计工期。

3）重点项目，另请专业设计院进行优化。T3 航站楼钢结构和机电设计，另请第三方设计院按同等设计深度进行优化，成效显著。如钢结构设计优化节约用钢近万吨。

（4）采用标准的合同管理程序。合同格式标准化，执行合同严格遵循六项程序（工程变更程序、计量支付程序、工程索赔程序、工程延期程序、重大事故处理程序、重大事项决策程序），重点在工程变更的控制。

（5）靠前指挥，项目推进。指挥部全员驻扎工地现场，一线调度工程。指挥部人员矩阵式分工，身兼多职，既是管理者又是项目推进的负责人。明确施工管理的责任在各项目部，重点项目部（T3）每天现场例会调度工程，有效保证施工质量和进度。

（6）工程实施总体筹划，水、路先行，绿化同步，永、临结合：1）先抢修永久水系，保证主体工程施工不受水患；2）抢建永久道路，保障大规模施工的人、机、料的大进大出，而且减少修建临时道路和水系的投资浪费；3）绿化景观同步规划实施。施工过程中尽量创造工作面，提早绿化，减少施工过程中的扬尘，创造建设过程中的美景。

以上经验与做法贯穿于扩建工程的始终，经实践证明科学、有效，为工程的顺利推进发挥了十分重要的作用。

3. T3 航站楼弱电与信息系统

T3 航站楼的弱电和信息系统达到了高度集成和现代化水平，并有充分的灾难备份和升级裕度。其最大的特点是系统高效集成，主要表现在：

① 通过智能中间件平台和机场运行中央数据库，对机场的生产、服务和经营系统进行集成，统一、协调、共享数据信息，保证为旅客、航空公司以及机场自身业务管理提供一致、及时、准确、系统和完整的信息服务。

② 安防监控系统将 CCTV 数字监控、门禁、安防报警三个系统集成起来，有效进行联动控制，提高航站楼内的环境安全及人员、物品的管理，提高快速感知危险并采取及时响应的能力。

③ 智能楼宇管理集成建筑设备监控系统、照明监控系统、电力监控系统等，对设备

进行统一管理，动态调整资源使用，降低能耗。

④ 建立机场各联检单位的安全信息共享平台。按照定制的流程和规则进行航空安全协防，确保安全检查的质量与效率。

（1）支持多航站楼运行模式的集成信息系统

北京首都国际机场是国内首个具有三座航站楼、三条远距离平行跑道、双塔台同时运营的机场。如何保证机场多航站楼安全、可靠、高效运营，以适应和满足航空枢纽运营的需要，成为本期扩建工程信息系统在规划及建设过程中实施的重点。

1）多航站楼运行模式

为满足首都机场多航站楼、多跑道格局的协调管理，借鉴国外类似大型机场的解决方案，在 T3 航站楼信息系统规划阶段确定了采用 AOCC（机场运行指挥控制中心）、TOCC（航站楼运行指挥控制中心）的运行管理理念。此模式在香港机场、吉隆坡机场、仁川机场均被采用，即以分块化的运行机制为基础，坚持机场全局层面必要的统一指挥、统一管控，即将必须进行全局统一指挥的职能、资源整合到机场管理中心-AOCC 中；通过对业务流程的梳理和优化，最大限度地减少多航站楼间的协调工作，将区域管理的职能和责任下放给分区的管理中心——TOCC。

AOCC 位于机场信息通信指挥中心大楼内，是机场航班生产与服务的最高协调管理机构。其主要职责包括：

① 负责监督整个机场航班计划及动态的生成、维护、管理和资源（机位、登机门、值机柜台等）的统一分配，协调运营过程中与航空公司、地服等服务部门之间的合作关系，解决处理机场运营中发生的重大问题；

② 负责协助决策层及公安、特警、消防、救护和相关部门完成对劫机、航空紧急事故、其他重大及突发事件的指挥处理。

TOCC 位于各航站楼，主要负责各航站楼的生产运行、旅客服务、安全防范以及所有机电设备的运行、管理、维护；同时根据机场组织架构职能及职责的划分，在 T3 建设中又分设了 SCC（安防控制中心）、PSC（旅客服务中心）、AOMC（外场运行管理中心）。

2）信息系统多航站楼运行模式

为实现机场 AOCC-TOCC"统一航班信息及资源管控＋分区功能管理"的运行模式，需要机场信息系统能进行全局统一的航班数据管理、资源数据的统一分配，并提供可用、及时的信息和管理工具，因此，需要进行航站楼之间的信息系统集成。考虑到本期扩建工程的集成信息系统、AODB、资源分配系统均为新建系统，如何保证在不影响现有 T1/T2 旧系统正常运营前提下，实现：

① 新旧系统及接口平滑稳定过渡及上线运行；

② 航班数据源 ATC 接口由 T2 切换到 T3 新系统；

③ T3 AODB 与 T2 AODB 之间正常的数据交互。

则将成为实现和支持多航站楼运营的难点和关键所在。

图 3.1-1、图 3.1-2 给出了实现 T3 信息集成后机场关键信息系统结构图，其中：

① T3 新建的 AODB 成为机场唯一的机场运营数据库，存储及处理所有与航班数据和资源信息相关的数据，ATC 数据接口和航空公司数据接口均连接到 T3 AODB；通过必要的干预和处理，并统一进行主要全局资源的分配；

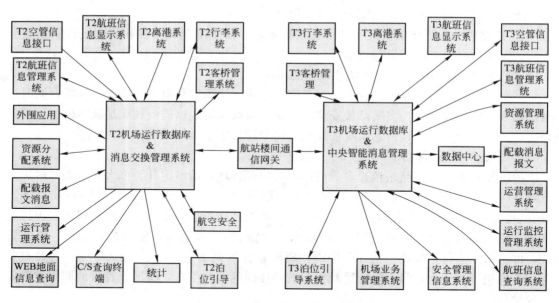

图 3.1-1　T3 集成信息系统基本结构

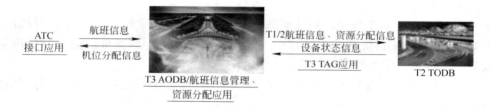

图 3.1-2　多航站楼间的数据流图

② 原 T2 AODB 降级为航站楼运行数据库 TODB，接收来自 AODB 发来的数据，同时将 T2 航站楼运行过程中产生的数据发回 T3 AODB；

③ TAG(航站楼数据网关)根据新旧两个系统的数据协议，进行必要的数据转换，实现 AODB 与 TODB 之间的数据交互。

3) 多航站楼信息集成实施过程中的重要控制策略

① 由于 T3 信息系统的集成涉及对整个首都机场生产系统结构及运营流程的改变，责任重大，需要有一个由多方(机场运营部门、信息部门、空管、扩建、厂商)共同参与的组织结构，以研究决策各种技术方案及重大事项。

② 必须确保不影响 T1/T2 的正常运行，保证系统安全、可靠，是任何方案设计和决策实施的首要出发点。

③ 对系统进行充分测试，包括应急回退方案的制定和测试演练。T3 信息系统及流程的研究和模型设计，建立在机场多航站楼整体运行模式基础之上，并高效、可靠、准确地为多航站楼的运行服务。在此基础上，本着循序渐进、分步实施、替代置换的稳妥方式实施三号航站楼信息系统的集成工作，并最大程度保护已有投资，使得已有系统通过较小的升级改造，实现与新信息系统的平滑切换、过渡和接口，以支持多航站楼的高效、稳定运行。

（2）离港控制系统

离港控制系统提供国内国际一体化共用离港控制系统平台，用于办理乘机手续和登机手续，它是保证航班正点安全起飞的一个实时的计算机事务处理系统。本期扩建建设的离港控制系统作为机场最为核心的信息系统之一，以支持枢纽运行的理念进行设计，以全力保障机场枢纽的安全、稳定运行。

本系统年处理离港旅客能至少支持 3100 万人次。涉及 312 个值机柜台，其中通用值机柜台 282 个、大件行李柜台 6 个、国内中转柜台 24 个；134 个登机口柜台，其中 54 个国内登机口柜台、80 个国际登机口柜台。

T3 离港控制系统基于机场本地专用局域网，通过多主机网关连接航空公司离港主机，通过离港应用集成平台和共用应用终端 CUTE 使得航空公司在机场本地可以实现其后台主机的离港控制业务功能，支持国航个性化离港前端应用系统，具有本地备份功能，能够在无后台离港主机或机场与后台离港主机的连接中断时，提供本地备份离港控制系统功能，离港控制系统所提供的离港业务统计数据可作为机场进行有关经营管理的依据，通过离港控制系统的离港主机报文系统转发接口和机场离港系统集成接口可以与机场及航空公司进行信息集成和数据交换，支持其安全检查业务和运行保障业务。

（3）安全管理信息系统

机场安全管理信息系统（以下简称 SMIS）的目标是建设一套多数据源集成的、灵活、可扩展、易维护的综合性安全检查信息管理系统，满足机场各相关单位对于旅客及行李的信息采集、验证、处理、查询的共同需求，有效跟踪确认各种旅客信息。

SMIS 最终能够为机场各业务单位提供一个关于旅客综合性安检信息的共享平台。基于本系统所提供的安全检查信息及其流程，各个联检单位可以协商定制相关的安全协防职责及业务操作流程。在 SMIS 系统平台上可以进行共享或交互信息。

SMIS 系统为机场综合安检业务提供以下支持功能：

1）航空公司旅客报文接口处理：提供进出港旅客信息；

2）航空公司订座接口处理：提供进出港旅客订座信息；

3）航空公司离港系统接口：提供出港旅客处理信息，包括值机，行李，登机等；

4）机场人身及手提行李安全检查系统：提供旅客通过人身及手提行李安全检查闸口时的过程状态及检查信息；

5）机场交运行李安全检查接口系统：提供旅客交运的行李通过行李安全检查的过程状态及检查信息；

6）安全运行数据库 SODB。这是一个用于交换和共享共用安全信息的信息交换机制和存储管理数据库，支持接收、存储并向各个安全检查业务子系统转发旅客信息、人身安检和行李安检信息以及联检单位布控信息等；

7）机场安检、海关等安检单位 SMIS 提供的工作站终端上通过发布和反馈相关指令实现安全检查和协防业务。

（4）安全防范系统

T3 安全防范系统由安防集成管理系统、视频图像监控系统、门禁报警系统、安防网络系统四大系统组成，视频图像监控系统是整个安防系统的核心，采用了分布式全数字化网络监控方案。

T3 安防系统采用当前世界先进的全数字视频采集、编解码、传输、显示和存储技术。由于其规模巨大及系统可靠性要求，本系统采用分布式结构设计，所有安防前端设备的信号传输到各设备间(SCR)后转换成数据信号，通过安防系统专用网络进行传输，利用分布式编解码器、视频管理/存储服务器、工作站及区域控制器、门禁/集成服务器实现对全安防系统的控制管理。

T3 安防系统通过软件和硬件手段，将数字视频监控系统集成到 EBI 安防集成管理系统平台，并通过各种接口与门禁系统、火灾报警系统、机场安全管理信息系统、中央信息集成管理系统等进行有效的联动和集成，构成统一的现代智能化综合安全管理控制系统。

（5）高速行李传输系统(BHS)

T3 航站楼内的行李处理系统由德国西门子公司总承包，是目前国内规模最大、技术最复杂、自动化程度最高的机场行李处理系统。该系统采用了国际最先进的自动分拣和高速传输系统，自动化程度高，监控系统完备，容错能力强。BHS 覆盖了 T3A、T3B 及连接 T3A 与 T3B 行李隧道的相应区域，占地面积约 12 万 m^2，总长度约 70km。BHS 的传输速度最高达 10m/s，高峰小时处理行李近 2 万件。

行李处理系统由出港行李处理系统、进港行李传送系统、中转行李处理系统、早交行李存储系统、行李托盘回送和自动分配系统组成。出港行李处理系统配置了 12 个值机岛，可分时用于国际或国内出港航班，进港行李传送系统配备了 11 套进港行李提取转盘，其中两套可分时用于国际和国内进港航班。在 T3A 航站楼内设置常规行李分拣机对国内出港行李进行自动分拣，在 T3A 航站楼至 T3B 航站楼间设置高速出港行李输送系统，并在 T3B 航站楼对国际出港行李进行自动分拣，所有出港行李和中转行李采取五级安全检查模式。

出港行李从值机柜台传送到飞机平均时间约为 10min(国内)～25min(国际)，特别是到港行李从飞机直接用行李车运送到提取转盘平均时间仅为 10min(国内)～20min(国际)，旅客乘机到达后可以很快提取行李。

BHS 设有先进的空托盘自动回收系统。软包行李通过行李托盘运送到地下分拣机后，空托盘自动传送回值机柜台，旅客交运行李时自动弹出，非常便捷和人性化。

BHS 具备早交行李功能，改善目前对办票时间的限制，即使提前半天到达机场的旅客，也可以随时办票和交运行李。国内国际早交行李处理能力达到 4000 件，几乎是一个中型机场的高峰小时行李数量。

BHS 还采用了多项领先技术：采用国际通行的 5 级行李安检模式，进行 X 射线扫描和 CT 切片扫描检查行李爆炸物，确保安全。高速传送最高直线速度为 10m/s，是目前世界上最快的系统。行李托盘的跟踪和识别分别采用无线射频技术(RFID)与激光扫描行李条码(BSM)技术，自动跟踪和分拣准确率高达 99.9%。

4. 旅客自动捷运系统(APM)

旅客捷运系统(APM)应用于多个航站楼之间旅客的输送，这在国内机场尚无先例。

APM 由庞巴迪公司设计、制造，为无人驾驶的轨道交通系统，满足旅客在 T3C、T3D、T3E 间的快速通行的需求。该系统采用了多项世界一流技术，具备良好的安全性和可靠性，而且能在恶劣的电磁环境中工作，不影响空中交通管制系统。系统全自动运行，只需要 1～2 名工作人员在控制室完成监控任务。系统车辆广播和监控采用无线传输系统，对旅客进行广播和监控车内运行情况。

该系统轨道长度 6km，设 T3C、T3D、T3E 三个车站，分别位于 T3C、T3D、T3E 航站楼内，每个车站站台长度约 60m，可停靠 4 节车厢。

APM 的时速最高可达 55km/h，最短发车间隔 2min，各站停靠不到 1min，从 T3A 到达 T3B 仅需 4min，每小时可运送旅客 8200 人。旅客在 T3A 主楼办票之后，乘坐旅客捷运系统可以快捷地到达 T3D 和 T3E，完全满足旅客自由来往于 3 号航站楼的需要。

5. 场道工程

（1）工程概述

本次扩建在现有东跑道东侧 1525m 处新建第三条平行跑道，长 3800m、宽 60m，满足 A380 等 F 类飞机使用要求。新建跑道西侧和现东跑道东侧设双平行滑行道，跑滑间距 200m，滑滑间距 97.5m。

新跑道及现东跑道分别建设快滑 6 条及 4 条，两条跑道间建设 3 组垂直联络道，跑道与平滑间建设垂直联络道及端联络道。在现东跑道北端绕过灯光带建设 U 形联络道与东侧平滑北端连接。

新建站坪停机位 99 个，其中近机位 73 个，远机位 26 个。F 类近机位集中设置在航站楼东侧。

在 T3E 国际指廊周边新建近机位 10 个，远机位 16 个。新建两座跨越捷运通道的特种车桥。

在东跑道北灯光带东西两侧新建 24 个货机位，其中东侧货坪机位 13 个，西侧货机位 11 个。在飞行区北侧、第三跑道西北方向新建 10 个维修机位，并新建试车坪。

场道工程主要工程量包括：完成飞行区土方挖填 2100 万 m^3，道面 431.4 万 m^2（含道肩 75.7 万 m^2），服务车道 71.3 万 m^2，排水沟 76.8km，飞机滑行道桥 14 座，特种车桥 8 座；东西湖 3 座、景观河 2.4km，雨水泵站 3 座。

（2）场道工程中的技术创新

1）滑行道桥

首都机场扩建工程飞行区指标为 4F，设计机型为 A380 飞机，该飞机长 80m、宽 80m，飞机起飞全重为 618t，单轮荷载为 28t。针对飞机的滑行宽度及重量要求，10 座滑行道桥设计全宽均为 61m，结构采用 1m×20m(净跨径)闭合框架结构，取消伸缩缝。框架由顶板、底板及侧墙组成。全桥无支座，采用顶板与侧墙的刚性连接。按照 A380 型飞机进行桥梁设计，在国内尚属首次。

2）捷运通道桥

四座捷运通道桥顶板承受 A380 型飞机荷载，中板通行 APM 轻轨，荷载相当于汽—超 20，底板通行行李系统。顶板交通流与中、底板交通流互为垂直方向。鉴于各系统功能需求，整体结构埋入地面以下 20m。捷运通道桥设计全宽均为 61m，结构采用 1m×23.4m(净跨径)闭合框架结构，取消伸缩缝。框架由顶板、中板和底板及侧墙组成。顶板采用单箱多室预应力混凝土现浇箱梁，中板采用 40cm 厚的实心板，支撑在高度为 1.5m 的井字形梁格上。全桥无支座，采用顶板与侧墙的刚性连接。结构不但要承受水平方向上互为垂直的巨大动荷载，还要承受竖向上的巨大土侧压力，在国内没有先例，在世界上也比较罕见。

3）服务车道复合盖板明沟

按照机场使用要求，航站楼空侧服务车道边需快速排水。由于本工程空侧服务车道边路径长，且平均设计排水量达到 5m³/s，如采用通常的设计方案，即在服务车道边设置能满足 60t 重车荷载的球墨铸铁箅子盖板明沟，不仅箅子的稳定性不够会造成使用不平稳，而且会由于箅子的成本高昂而增加大量建设成本。设计采用铸铁箅子复合盖板明沟，在国内民用机场建设尚属首次。该结构为双孔结构，其中一孔为小跨径铸铁箅子盖板明沟，主要负责收集地面径流；一孔为大跨径盖板暗沟，主要负责运输所有沿程的雨水。这样的结构形式既能快速收集雨水，又提高了平整性、稳定性，且降低了工程造价。

4）机坪铸铁箅子单孔箱涵

机坪范围内的雨水通常采用盖板明沟或铸铁箅子盖板明沟的结构形式来排水。盖板明沟盖板稳定性差、平整度不好，易出现变形、错台等病害，且收水能力弱、检修不方便；而铸铁箅子盖板明沟造价偏高。设计采用铸铁箅子单孔箱涵结构，间隔设置铸铁箅子进行收水，在国内民用机场建设中尚属首次。这样的结构形式既提高了平整性、稳定度，又加强了集水效果，降低了工程造价。

5）道面结构

首都机场新建飞行区道面按照 A380 型飞机全载进行设计。在充分调查机场周边砂石料等地材和研究机场场道施工技术手段的基础上，综合传统设计方法和 FAA 设计手段，最终确定跑道、滑行道、站坪等区域道面结构为两层各厚 25cm、20cm 的水泥稳定碎石上下基层，44cm 厚水泥混凝土面层的道面结构。两层水泥稳定碎石基层在保证质量前提下，大大加快了施工进度，同时降低了机械的使用量；44cm 的道面厚度既保证了飞机的安全运行，也能够充分利用施工单位原有的 40cm 施工模板。

6. 助航灯光工程

此次助航灯光工程规模大，设计标准高，各类设施配置齐全，采用了多项创新技术。其中两个最突出的特点，一是跑道灯光和进近灯光按照Ⅲ类运行标准设置，并全部实现单灯监视；二是滑行道灯光采用了满足 A-SMGCS 功能要求的单灯监控系统，使国内机场助航灯光的建设，无论是设计理念还是工程实施，都迈上了一个新的台阶。

（1）高级地面活动引导控制系统（A-SMGCS）

着眼于首都机场未来发展的需要，以此次扩建工程为契机，首都机场在国内率先规划并实施了 A-SMGCS 项目。

A-SMGCS 是 20 世纪 90 年代中期开始逐步发展起来的高新技术，其目的是实现机场飞行区地面交通的自动化管理。A-SMGCS 利用场面监视雷达、多点相关定位系统等手段，跟踪监视全场飞机的运行状态，结合航班动态信息、机位分配信息、气象信息及能见度条件等相关信息，并根据地面运行程序和规则，为每架到港/离港飞机设定滑行路由；然后，通过可单灯控制的滑行道灯光系统，自动为飞机提供目视引导，飞机只需跟随"绿灯"滑行即可。采用这种运行模式将大大提高机场的运行效率，保障安全，降低管制人员的劳动强度。

首都机场 A-SMGCS 项目按国际民航组织定义的最高等级（Ⅴ级）标准进行规划，本期实现自动路由规划和自动引导功能。

（2）新技术的应用

助航灯光系统是 A-SMGCS 最主要的子系统，A-SMGCS 的自动引导功能是通过助航灯光系统实现的。为满足 A-SMGCS 的功能要求，此次助航灯光工程采用了多项新技术和新设备。

1）单灯监控。此次助航灯光工程与传统助航灯光工程相比，最大的不同就是在滑行道灯光系统中采用了具有单灯监控功能的单灯引导系统。所有滑行道中线灯、停止排灯和站坪全向引导灯全部配置了具有唯一地址码的监控装置，可根据规划的路由任意组合和控制，实现灯光引导功能。

2）停止排灯的应用。在全场所有滑行道主要交叉道口处及进出或穿越跑道的联络道上，全面设置停止排灯，在每组停止排灯处，配置多组微波传感器，实现对道口的有效控制。

3）在国内首次使用了带有两个光源可双向控制的滑行道中线灯和停止排灯，可控制灯具单向发光，使滑行路由设置不受任何限制，满足任意地面运行模式的需求。

4）站坪全向引导灯也是在国内首次应用，使灯光引导与泊位引导系统衔接，真正做到了全程引导。

5）灯光回路的改进。为保证载波通信的可靠性，创造一个稳定、良好的通信环境，对传统助航灯光回路的各个主要环节都做了较大改进，许多技术指标高于民航现行规范的要求。

7. 空管工程

首都机场扩建中的空管建设工程是首都机场扩建工程的重要组成部分。为了优质、高效地完成扩建中的空管建设工程，民航华北空管局为此专门成立了首都机场扩建空管工程指挥部，负责首都机场扩建和北京终端区建设中空管项目的规划、设计、管理和实施。首都机场扩建空管工程指挥部在空管工程的规划、设计和建设过程中，坚持以空管需求为导向，坚持质量第一、效率优先的原则，并始终把引进新系统，采用新技术、科技创新工作放在重要的位置，推动首都机场空管系统科技进步、系统升级，引进、消化、吸收国内外先进的设备和技术，实现规模、质量、系统结构与功能的最优化，打造国际一流的空管系统。在国内率先使用双塔台三跑道独立运行程序、引进世界上先进的Ⅲ类仪表着陆系统、场面监视雷达、多点相关监视系统和自动化系统，与国内优秀的科研所合作，研制开发双塔台信息交换系统和高级地面活动引导系统。这些新系统、新设备、新技术和新规程的使用和运行，填补了空管领域某些方面的空白，增强了空管综合保障能力，提高首都机场的运行效率，改善民航服务质量，满足了首都机场未来几年空管事业发展的需要。

（1）双塔台、三跑道独立运行

首都机场在东区扩建后，成为国内首个拥有两个塔台、三条远距离平行跑道、三个航站楼的机场。跑道多了，机场规模扩大了，航班量上升了，随之带来的新问题也就多了，空管部门早在扩建伊始就开始分析、研究、解决所面临的新问题、新难点。

空管部门首先是对终端区内各军民航机场空域、进离场航线进行整体规划，取消空中走廊、缩小北京市禁飞区和绕飞机动区，调整通州、杨村、延庆等北京周边的军用机场空域和起落航线高度，开辟霸州、得胜口、高营子、下枣沟等进出港点，引进区域导航模式，增加第三条跑道的进离场程序，统一了终端区军民航进离场航线。

其次，是东、西区双塔台运行模式及东区塔台的功能定位和建筑风格等问题。首都机场西区塔台位于航管楼东侧，塔高99m，总建筑面积2885m²，明室面积64m²，配置9个管制席位，分别是带班主任席1个、主任管制席1个、塔台管制席2个、放行许可席2个、地面管制席3个；新建的东区塔台位于T3航站楼北侧，塔高80m，总建筑面积2650m²，明室面积50m²，配置了7个管制席位，分别是主任管制席1个、塔台管制席1个、放行许可席1个、地面管制席2个、地面备份席位1个、塔台管制备份席1个。西区塔台建筑形式高大、壮观、展现一种阳刚之美，东区塔台建筑形式婀娜、秀丽，孕育一种柔和之美，两座塔台相距1600m，刚柔相济、遥相呼应、完美融合，成为首都机场的形象地标。在双塔台运行的通报、协调、移交、特情处置等问题上，东、西区塔台在管制上合理分工，协调运行。东区塔台主要负责对第三条跑道、T3航站楼和相关滑行道的指挥和监控，同时也可以用于西区塔台的应急备份。在必要时，可以由东区塔台接管对中间跑道、T2航站楼、部分停机坪和滑行道的指挥和监控。东、西区塔台配备了信息交换系统，用于对航班信息和动态进行管制和移交。对于需要穿越中间跑道的航空器，可以通过该系统实现东西区塔台之间的静默移交。为确保首都机场的运行顺畅，尽量减少管制原因导致的航班延误，空管部门还制定了跑道关闭、火灾、断电、设备故障等降级运行措施，并定期组织进行启用东区塔台应急备份席位等措施的演练。

最后，充分利用空管现有规章，参照国际民航组织文件，借鉴国内外空管部门的经验，在不断探索中总结经验，逐步推广使用目视间隔和三跑道同时平行运行等项措施，实现首都机场三条跑道运行的最佳容量。空管部门根据首都机场跑道、航站楼和滑行道的布局，以及航空公司所使用航站楼等基本情况，确定三条跑道的运行主要模式为西跑道为进出港混合运行，中间跑道主要用于出港，东跑道主要用于进港。在进出港高峰时，跑道的运行模式也将相应进行调整，即三条跑道同时用于出港或进港。这种运行模式借鉴了美国亚特兰大机场的运行经验，空管部门可以根据实时的进出港航班流量，灵活地对三种模式进行切换，从而实现对三条跑道及其周边空域更加充分、有效的利用。

空管部门还结合北京地区运行特点，参照国际民航组织对空域管理、空中交通管理、空管运行要求和推荐标准，与美国波音公司合作，利用计算机模拟仿真技术，完成了对首都机场三跑道运行及天津、石家庄、太原、呼和浩特等机场进离场对首都机场的影响等情况进行模拟演练，达到了预期效果。

通过近几年在空域、系统、设备方面的规划、调整和建设，首都机场管制能力已得到较大提高，系统建设初具规模，空域环境逐步改善，为今后空管运行奠定了良好的基础。华北空管局在2007年10月28日圆满地完成了首都机场第三条跑道和东区塔台开放使用；在2008年3月21日顺利完成了进近管制室回迁；在2008年3月26日保证了首都机场T3航站楼启用和航空公司的转场。

（2）Ⅲ类仪表着陆系统

首都机场新建的第三条跑道在19号跑道（由北向南方向）配备了Ⅰ类仪表着陆系统，在01号跑道（由南向北方向）配备了世界上先进的ⅢA类仪表着陆系统，它主要由航向仪、下滑仪/测距仪、内指点标、中指点标、航向远场监控仪（中心监控、宽度监控）、塔显、遥控监视维护终端组成，系统之先进、标准之高、配置之完整在中国民航首届一指。该系统的建成将提高首都机场在低能见度天气条件下的运行标准，飞机可以在跑道视程不小于

200m、决断高度低于30m的天气条件下，实施正常起降。

（3）场面监视雷达

2003年，在首都机场西区塔台顶部安装的Ku波段场面监视雷达，该场面监视雷达可以对信号覆盖范围内的场面活动目标实施监控，但由于技术的局限和场监雷达数量的不足，导致在机场西区的部分区域存在盲区。同时，随着T3航站楼的建设，T3航站楼会对场面监视雷达的探测造成遮挡，导致T3航站楼的东部和东南部一些区域不能被雷达覆盖，进一步削弱了场面监视雷达监视的范围，而无法提供机场地面活动区域内所有活动物体准确的位置信息，给整个机场安全、高效的运行带来隐患，尤其在大雾和雨雪等气象条件下，现有Ku波段的场面监视雷达由于技术上的局限，信号有明显雨衰现象，不能正常发挥应有的效能。

为了解决上述问题并扩大场面监视雷达信号覆盖范围，在2008年年初新建了两部X波段场面监视雷达以及传感器融汇系统，两部X波段场面监视雷达分别位于北京首都机场第三跑道的东南侧和西北侧，信号主要覆盖首都机场东区，用于监视首都机场第三跑道、滑行道、联络道和T3候机楼停机位等机场场面飞机活动区内的地面飞机和车辆的活动情况，两部场监雷达系统配置相同，收发机均为双通道冗余配置，每个通道都是双收发机配置，采用频率分集工作方式，共用一套天线和天线驱动系统。雷达视频信号输出到两路冗余配置的RDP设备，经RDP处理的雷达信号再通过传输设备送到终端场监融合系统，最终提供给调度员使用。

X波段场面监视雷达工作原理和一次航路雷达工作原理十分相似，都是利用雷达发射机按一定的重复频率发射一个大功率射频脉冲信号，该信号遇到目标后产生反射，接收机接收到反射信号后进行处理算出目标离雷达中心的距离，天线系统的方位编码器提供正北和方位信息，从而确定目标的位置。与其他航路雷达不同的是，场面监视雷达不是用于发现天空中航路上的飞行目标，而是主要用于发现机场场面范围内，包括跑道、滑行道、联络道、停机坪等飞行活动区内的飞机或车辆等地面目标，所以该场面监视雷达的天线仰角一般为负值，垂直波瓣图为倒余割平方波瓣特性。由于机场场面内飞机、车辆密度较大且活动频繁，所以X波段场面监视雷达具有60转/min的高转速，以提高数据刷新率，而且天线的水平波束很窄，以获得良好的方位分辨率。由于X波段波长比Ku波段长，所以天气恶劣时的雨杂波对X波段场监雷达的影响比Ku波段的场监雷达要小，且X波段场监雷达天线具有圆极化方式也可以降低雨杂波的影响，减少虚警的出现。X波段场监雷达发射峰值功率25kW，方位分辨率为20m（在2000m的半径内），距离分辨率为15m。

首都机场两部X波段场监雷达的建成，加强了首都机场东区场面监视雷达信号的覆盖，减少了场监雷达覆盖盲区，提高了雨雪天气的探测能力，提高了定位精度。

（4）多点相关跑道平行进近监视系统及机场场面监视辅助系统

1）多点相关跑道平行进近监视系统

多点相关跑道平行进近监视系统（以下简称PRM）是为管制员在多跑道运行管理提供安装有应答设备的飞机的位置和标识信号的系统。PRM之所以能够准确地进行目标定位，是通过地面接收机天线接收飞机的应答信号，而应答信号到达每一个接收机天线的时间不同。中央处理器对所有收到同一架飞机应答信号接收机天线的到达时间进行计算，按照双曲面数学模型，只要有三个接收机天线的到达时间，就可以形成交叉点，从而确定飞机位置。PRM能够实时、准确地探测、识别和跟踪到首都机场进近区域内活动的所有装有应答设备的航空器目标。PRM所提供的信息融入首都机场自动化处理系统，为管制员提供可靠的管制信息。为满足首都机场实施三条平行跑道独立运行的管制需求，有效控制平行进近的飞机的准确位置和飞机与飞机之间及飞机与障碍物之间的安全间隔，保证飞行安全。在首都机场周边几十公里范围内安装了六个基站，分别是首都机场、西山、三河、北房、雾灵山和十三陵。飞行器只要能同时收到三个基站的信号，就可以准确地确定位置。PRM在首都机场的覆盖范围为：向南55km、向北45km，东西两侧各10km的矩形范围以内。其中机场南侧区域的高度范围为地表至3000m，北侧区域的高度范围为地表至2700m。系统信号刷新率为1s。系统位置精度为在以首都机场基准点半径25km的覆盖范围内的水平精度不小于18m，半径25km至55km的范围内的水平精度不小于30m。

2）多点相关机场场面监视辅助系统

多点相关机场场面监视辅助系统（以下简称MLAT）是基于二次雷达技术的目标探测系统。也就是说，对已装备了二次应答器的飞机和车辆可以做出识别，但对于没有装备应答器的移动目标则无法作出识别，而这些目标只能通过场面监视雷达才能监视识别，因而它只可作为场面监视雷达的辅助手段，作为监视系统的一部分，在任何时候不受任何气候条件的约束，克服了场面监视雷达受天气状况影响的弱点，确保对机场场面上的航空器和车辆运动轨迹的正确识别和有效监控，增加整个监视系统的精确性。

首都机场新建的MLAT共有26个基站，均分布在首都机场飞行区内，覆盖首都机场飞行区内所有飞机和车辆的地面活动区、现有的两条跑道和东扩后的新跑道、所有的交叉道、所有滑行道及周边区域。系统能够在以首都机场航管楼为中心的半径为10km，垂直高度1000m的范围内持续跟踪每一个起飞或进场的航空器，并且能跟踪上述范围内安装了相应应答设备的任何航空器。系统精确度为指定覆盖范围内的目标检测的水平精度应保证误差在7m内的可信度为95％，误差在12m以内的可信度为99％。系统刷新率为1s。

（5）空管自动化系统

终端区自动化系统是终端管制中心的核心设备。系统主要由处理系统和管制席位组成，终端区的自动化系统通过网络和区域管制中心的自动化主系统相连，属于区域管制中心的自动化主系统的终端控制单元（TCU）。终端区自动化系统和区域管制中心的自动化主系统使用同一个数据库管理（DBM）和飞行计划处理（FDP）。终端区自动化系统主要为终端管制员和塔台管制员提供服务，席位分布在终端管制室和东、西区塔台。新建的终端区自动化系统配置了30个管制席位。其中：雷达管制席10个、雷达管制备份席2个、主任管制席2个、技术服务席1个、技术维护席1个、军民协调席1个、军方管制席2个、五边监控席3个、塔台管制席8个。

终端区自动化系统和区域管制中心的自动化主系统在正常情况下并行工作，但在特殊情况下，可互为战略性备份。

3.1.2　上海浦东国际机场扩建工程

1. 上海浦东国际机场工程概况

（1）一期工程概况

浦东国际机场位于长江入海口南岸的濒海地带，距上海市中心约30km，距虹桥国际机场约40km，一期工程于1999年8月正式开始启用，建有一条长4000m、宽60m的跑道，两条平行滑行道，28 万 m² 的 T1 航站楼、64 个站坪机位、8 个货机位和 29 个维修机坪机位。一期工程设计目标年为 2005 年，按照满足年旅客吞吐量 2000 万人次、年货邮吞吐量 75 万 t、年起降 12.6 万架次的使用要求进行设计和建设。飞行区地基处理主要采用强夯浅层处理技术。

（2）二期工程一阶段即二跑道工程概况

第二跑道与第一跑道平行相距 2260m、长 3800m、宽 60m、北端与第一跑道向南错开 1000m，第二跑道飞行区指标为 4F。已于 2005 年三月投入运营。飞行区地基主要采用吹沙促淤＋排水堆载预压浅层处理技术。

（3）二期工程二阶段扩建工程概况

浦东国际机场扩建工程主要包括第二航站楼（T2 航站楼）、第三跑道、西货运区及相应的配套设施，以 2015 年为目标年，按照年旅客吞吐量 6000 万人次、货邮吞吐量 420 万 t、年起降 49 万架次的总体要求进行设计和建设。

2. 航站区

（1）T2 航站楼流程设计

根据"最大限度方便旅客"的原则，T2 航站楼旅客流程进行了系统的优化设计，最终采用了三层式结构，自上而下分为"国际出发层"、"国际到达层"和"国内出发、到达混流层"。这种布局使航站楼的中转设施集中、换层少，除国际转国际设置在长廊 8.4m 层外，其余中转都在 6m 层，旅客可实现方便、快捷的中转。

T2 航站楼在空侧自上往下分为"国际出发层（13.6m）"、"国际到达层（8.4m）"和"国内出发、到达混流层（4.2m）"三个旅客活动层。这种"三层式航站楼结构"能够更好地适应航空公司的中枢运作；能够更好地适应浦东机场国际与国内间中转旅客比例较大的特点；能够更好地适应国际航班波与国内航班波在时间上错开的特点。

在 T2 航站楼中运行的航空公司的各种中转、过境旅客，包含国际转国际、国内转国内、国内转国际、国际转国内等，均在主楼与长廊的连接部分，即航站楼的中央部位完成，非常便捷。

（2）T2 航站楼"剪刀叉"式登机桥

利用国际与国内航班波在时间上错开的特点，采用"剪刀叉"式登机桥，使 42 个近机位中有 26 个成为国际、国内可转换使用机位，在国内旅客高峰时段可以将全部 42 个机位提供给国内使用，而在国际旅客高峰时段可将 26 个机位提供给国际使用，大大方便了航空公司的枢纽运作。

（3）T2 航站楼行李处理系统

行李系统是保证机场安全、高效运行的基础。因此，它的安全可靠性是第一位的。而最安全、可靠的系统是最简单的系统。

在设计中首先要求系统能够最简单运行。即：从值机岛简单地送到出发行李转盘。这种运行是最安全、可靠的，但仅有这样一种运行方式效率比较低，且不利于公共值机。所以，在此最简洁、有效的系统的基础上设计了自动分拣系统，并保留了足够的冗余和备份（图 3.1-3）。

行李系统的效率不可忽视。为了提高效率，设计了三个自动分拣转盘，且使用了螺旋式皮带。并尽可能地优化设计，减少了皮带长度。

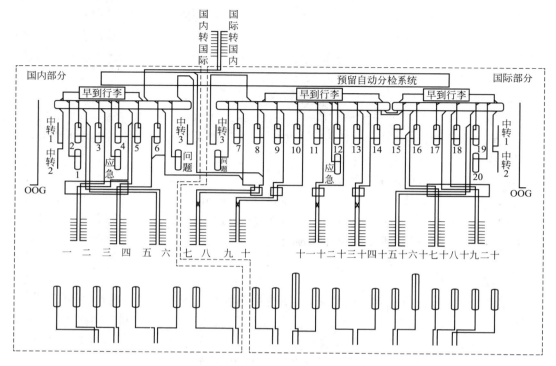

图 3.1-3 行李系统原理图

行李系统规模大、成本高，且生命周期短。建成后若不能发挥它的能力，就将是极大的浪费。因此，考虑在运量或中转量上升后再建设一套自动分拣系统及其相关设施设备，在本次建设中只为其预留将来实施的可能性。

（4）"一体化交通中心"与 6m 到达层

要实现"一体化航站楼"这一理念，关键是要在东、西两个航站楼之间建设一个"一体化交通中心"。一体化交通中心的成功与否，决定了一体化航站楼理念的成败。

航站楼的集中所带来的最大问题是陆侧车道边不够。因此，交通中心设计的主要任务就是要尽可能多地增加车道边。交通中心设计中将所有到达社会车辆的车道边移至停车库内；将所有公共交通设计在轨道交通车站的东、西两侧；将出租车、大客车、贵宾车放在紧靠航站楼的到达车道边上；所有公交车、出租车的出发旅客均靠近出发车道边。

沟通上述所有车道边的就是 6m 层的三大东西向通道。因此，将通常设计在 0m 层的到达层放在了 6m 层。这样，到达旅客可以平缓地进入一体化交通中心，然后进入个人应去的车道边。

一体化交通中心内除了轨道交通、机场巴士、长途汽车、大巴车、出租车、各种社会车辆、贵宾车、机场内穿梭车，以及停车楼(场)、候车室等的交通功能以外，还设计了近 1 万 m² 的商业、餐饮设施和大量的无行李旅客值机柜台等其他功能设施和与之相适应的办公、机房等辅助设施。

3. 飞行区

（1）场道建设概况及特点

第三跑道为第一跑道的近距跑道，位于现有第一跑道西侧，与第一跑道平行相距

460m。第三跑道按照飞行区指标 4F 标准建设，跑道长 3400m，道面宽 60m，两侧道肩各宽 7.5m。作为一组近距跑道，第一、三跑道实行一起一降的分开平行运行方式，第三跑道主要用于飞机降落，同时兼顾西货运区的货运航班起飞。

第三跑道作为国内第一个投入运行的非独立平行近距离跑道，开创了国内近距离跑道的先河，在节省土地资源、提高运行效率方面提供了新的思路，为今后国内同类型机场的应用提供了宝贵经验。

一直以来，地基处理就是浦东机场场道工程建设的重要步骤和环节，合理的地基处理措施可以为跑道提供稳定、坚实的基础，为今后跑道的正常运营和维护发挥潜在的作用，合适的地基处理方案不仅要求技术先进，还要求经济合理。针对第三跑道存在浅层土不均匀、低强度和差异沉降变形等主要工程地质问题，建设单位继续沿用了第一、二跑道浅层处理地基为主的思路，在充分分析总结了第一、二跑道以及东、西向联络道的地基处理方式、效果、经验和不足的基础上，于 2005 年 5 月至 10 月开展了冲击碾压浅层处理和真空预压深层处理古河道两种地基处理试验，为第三跑道大面积地基处理方案的选取提供直接、可信、可靠的依据。根据地基处理试验成果，2005 年 8 月底召开了第三跑道大面积地基处理方案专家研讨会，确定了全范围"井点降水＋垫层＋冲击碾压"浅层处理结合古河道区域"真空预压"深层处理的方案。该方案在不破坏浅层砂质粉土硬土层的前提下，注重解决浅部土层的场地不均匀和低强度问题，同时针对横穿场区的古河道区域，通过采取真空预压处理技术消除了古河道与两侧区域的工后差异沉降。该地基处理方案原则上允许工后沉降的均匀发生，但解决了大家关注的工后差异沉降和道槽基础强度等问题，达到了技术可行、经济合理、缩短工期的目标。"井点降水＋垫层＋冲击碾压"浅层处理方案和"真空预压"深层处理方案在浦东机场大面积成功实践，不仅节省了近亿元的投资，还缩短了两个月的工期，也为沿海软土地区的机场飞行区地基处理方式提供了有益借鉴。

由于浦东机场整个场区地区低洼严重缺土，因此第三跑道的地势设计，关系到全场排水系统是否顺畅，也关系到场区土方填方数量及造价。一方面，地势设计全面应用了第一、二跑道的设计经验，充分考虑了场区的特点，并与第一跑道、西货机坪及货运区等周边地形平顺过渡、合理衔接；另一方面，在充分了解场区地形地貌、水文地质的基础上，地势设计充分考虑与地基处理、道面结构、排水布置等专业的统一协调。经过反复研究，优化结合全场土源分析，本次地势设计在满足防洪的要求、保持道槽土基强度以及预留道面工后沉降量等条件下，最终确定第三跑道控制标高。

第三跑道飞行区的排水设计思想包含三方面内容：1）为节省整场土方工程造价，并考虑场区周边水系的水位和场内地势条件，本次排水设计采用强制加自流排水相结合的原则。2）根据第三跑道系统的远期规划，永久性排水设施的平面布设和断面设计需考虑规划和拟建场区的径流量。3）排水沟的设计流速应避免出现冲刷和淤积。通过反复论证和比较，确定第三跑道仍然设置南、北两个调节水池，主要理由包括：从确保第一、第三跑道排水系统的正常运行、降低运营成本及充分利用土地资源的角度考虑，场外排水系统设计决定采用"自流＋强制"的两级排水系统，即一级排水系统为飞行区场内的排水沟及调节水池，二级排水系统由围场河和场外天然河道组成。

通过论证和研究，对第三跑道道面工程进行了优化，主要体现在道面结构层设计和道面接缝设计。首先，基于良好的地基处理效果为道面结构层提供了较高强度的地基，道面基础设计采用两层水泥稳定碎石基层形式，比一跑道和二跑道减少了一层基层，从而节省了工程造价；其次，为解决跑道在极端高温条件下产生温度伸胀对两端防吹坪产生顶胀破坏的问题，对防吹坪的结构层进行了优化设计，使防吹坪结构层底面与跑道道面面层底面同处一个滑动面，从而削弱了跑道道面温度伸胀时的两端约束；再次，为有效减小极端高温条件下联络道、快滑道对两端道面的温度应力，适当优化了不同伸缩方向交错处道面平接缝的设置位置，跑、滑间的联络道、快滑道的垂直方向长度适当缩短，同时对交错处道面平缝适当加宽，以消除部分温度翘曲应力；最后，为有效缓解飞机高速滑跑时机轮在道面接缝处产生的摩擦拉应力对接缝可能产生的边角裂缝及破损，对相关部位道面接缝的切缝首次采用倒角新工艺。

六条穿越滑行道担负着连接沟通第一跑道系统和第三跑道系统的重要作用，穿越滑行道能否平缓顺畅运营对整个机场的正常运行影响很大。穿越滑行道所在场区大部分位于一期飞行区内，在第一跑道升降带和下滑台保护区内的施工及使用，将对一跑道的运行产生一定影响，具有显著的禁区不停航施工特点，即施工安全要求高、施工管理难度大、施工不连续、单个施工周期时间短、施工强度大。为此，设计针对地基处理和道面结构进行了有利于禁区不停航施工的优化，主要措施表现在：1)对穿越滑行道采用工艺稳妥、施工简便安全的山皮石垫层换填法进行土基处理；2)采用沥青混凝土道面结构，具有较强的不停航施工适应能力、优越的表面性能和易维修性，对新旧道面连接处的处理更为有利；3)基础采用碾压水泥混凝土，具有施工速度快(施工不用模板)、初期强度高、养生期短、经济性好、耐久性长的特点，能满足不停航施工快速、方便的要求；4)对第一跑道东侧(跑滑间)的新建排水沟采用 HDPE 双壁缠绕塑料排水管，抗外压能力强，较好的柔韧性和较好的抗变形能力，连接简单，施工快捷。

（2）道面倒角接缝

目前国内机场水泥混凝土道面及公路水泥混凝土路面分块接缝处的扩缝均采用直角形式，扩缝槽的尺寸一般为深 2～3cm、宽 0.5～0.8cm，这种扩缝形式具有切缝、灌缝操作方便、施工质量容易控制的特点。

但直角扩缝由于其构造上的特点存在受力性能上的不足，飞机滑跑时，机轮在道面接缝处将产生摩擦拉应力。尤其在高速滑跑时，机轮对道面接缝处的直角尖端部位将产生较大的集中摩擦拉应力，有可能产生板边裂缝及破损。而通过对浦东机场第一、第二跑道系统道面破损情况的调查，经分析认为，直角扩缝也是道面横缝处产生裂缝破损的原因之一。另一方面，目前国外已对水泥混凝土道面的扩缝构造作了一定程度的改进，有采用弧形倒角形式的，也有采用 45°斜角倒角形式的，而在美国，扩缝倒角已作为强制规范推出。

为有效减缓道面的道面边角裂缝及破损，本次第三跑道道面设计在跑道、滑行道的相关接缝位置采取了扩缝倒角处理。

由于目前民航及公路交通部门没有关于扩缝倒角的相关规范和标准，第三跑道采用扩缝倒角工艺在国内可以说是第一次创新应用；同时，基于通过扩缝倒角与现有直角扩缝形式在相同使用条件下的对比，为今后该项新工艺的推广提供技术分析所需实践数据的考虑，确定跑道、滑行道的局部范围采用扩缝倒角形式。

（3）助航灯光

第三跑道作为国内第一条近距运行跑道，对助航灯光系统设计提出新的要求，通过反复比选和研讨，所确定的助航灯光系统具有以下几方面的创新：1)第三跑道助航灯光系统是国内首次设计的两条近距离跑道助航灯光系统；2)国内机场第一次设置横穿跑道的滑行道中线灯；3)在国内第一次使用双向双控滑行道中线灯；4)在国内助航灯光监控系统中，第一次将两条近距离跑道的灯光系统实行统一控制。

4. 其他特点

（1）运行信息系统

浦东国际机场扩建工程建设了5个"中心"，即机场运行指挥中心（AOC）、航站楼运行中心（TOC）、交通信息中心（TIC）、基础设施运行管理中心（UMC）和公安指挥中心（PCC）。其中，机场运行指挥中心（AOC）是机场关键业务和应急指挥的核心，是机场安全生产与服务的最高协调管理机构。5个中心"统一指挥、分区管理"，实现了机场管理的集成化、规范化，大大提高了机场的运行管理效率。

（2）机场节能研究

航站楼设施的节能问题是一个影响运行成本的重大课题。从以下八个方面对航站楼以及整个机场的节能问题开展了全面、系统的研究并采取措施：1)大型机场供冷供热系统节能技术优化；2)航站楼维护结构热工分析及节能措施；3)航站楼自然通风；4)大空间气流组织计算机仿真；5)航站楼雨水回收利用；6)机场节水、节能及运行策略；7)机场用电节能研究；8)航站楼楼宇自动化控制系统建设优化和运行策略。

（3）不停航施工管理

不停航施工期间，机场本着"施工为运行服务，运行为施工开绿灯"的原则，由运行指挥中心牵头，建立了由运行指挥中心、空管部门、机场运行保障部门、机场安检部门、公安空防部门、建设指挥部、设计单位、监理单位、施工单位组成的管理与施工相结合的不停航施工安全管理体系。同时，以不停航施工安全管理体系为基础成立安全协调领导小组，全面负责不停航施工过程中的日常安全管理工作。

为加强不停航施工过程中的协调和管理，根据各相关部门的主要工作内容，制定了各部门职责，以指导各部门的具体工作。

运行指挥中心：总体负责不停航施工项目的组织、协调和管理，保证机场运行安全，施工期间派驻现场机构，确保施工安全计划及措施顺利实施。

空管部门：负责航空器的管制，颁发关于机场不停航施工期间的航行情报和气象情况，并负责通信导航、气象设备适航管理的保障工作。

运行保障部门：对涉及不停航施工的灯光标志、施工监管、道面清扫、道面维护、应急需要、适航条件检验、管线保护等进行全过程监护，与指挥中心、工程部、监理单位、施工单位保持24h通信联系，做好一切应急准备。

机场安检、空防处：对所有的进、出场人员及车辆的证件进行审核管理，确保空防安全。

工程部：协调设计单位、监理单位、施工单位，解决施工过程中的问题。

设计单位：根据掌握的管线竣工图，现场确认人工探摸出的管线，与施工单位、监理单位、管线使用单位商议出切实可行的管线保护方案，出具保护方案图纸。设计代表定期检查、指导管线保护工作，参与管线保护的验收工作。

监理单位：监督管理施工单位不停航施工全过程，根据合同行使监理职责。

施工单位：制定可靠的安全技术措施，并严格组织实施，保证整个施工现场的正常运作。根据民航总局民用机场不停航施工管理的有关规定、机场的《不停航施工组织方案及实施细则》，组织施工前的教育，并制定对施工人员的日常考核制度。在施工前制定应急救援方案，配备可靠的通信器材，在发生突发事件时，无条件服从机场运行指挥中心及工程部的统一指挥。

3.1.3 虹桥国际机场扩建工程

1. 扩建工程的主要内容和保障能力

虹桥国际机场扩建工程建设目标年为 2015 年，按满足年旅客吞吐量 4000 万人次，货邮吞吐量 100 万 t，年飞机起降架次 30 万架次设计。工程批复总概算 135.2963 亿元。

扩建工程项目包括飞行区新建一条 3300m×60m 的跑道及三条平行滑行道。飞行区指标为 4E 级，并满足 F 类飞机备降要求。新建站坪机位 64 个、货机坪机位 13 个、维修机坪机位 14 个。

航站区新建西航站楼总建筑面积 36.26 万 m^2，由主楼和 2 个指廊组成。主楼 12.15m 层为安检和出发办票大厅；5.5m 层为到达、中转夹层；0m 层为迎客厅、行李提取和分拣厅。指廊 8.55m 层为国内出发候机厅；4.2m 层为到达通道；0m 层为技术设备层。

货运区包括新建总建筑面积 4.53 万 m^2 的货运站及其配套设施。

同步还建设 5.3 万 m^2 旅客过夜用房、4.6 万 m^2 航空公司业务管理用房以及市政道路、35kV 变电站、机场能源中心等公用配套设施。

与机场扩建工程同步建设的虹桥综合交通枢纽从东到西依次为虹桥机场西航站楼、机场广场、磁浮车站、高铁车站、高铁广场。轨道交通 2 号、5 号、10 号、17 号、青浦线 5 条地铁线路分别从东西和南北两个方向贯彻交通枢纽，设计满足日旅客吞吐量 110 万人次。

2. 工程规划设计建设特点

将虹桥国际机场建设成为"最人性化机场"是扩建工程的建设目标。工程规划设计建设体现了十大特点：

（1）采用国内第一组 365m 间距近距平行跑道，为上海"建设枢纽，服务长三角"战略提供用地保障

按照上海航空枢纽战略规划，上海机场将形成"以浦东国际机场为主，浦东和虹桥两场共同推进建设上海航空枢纽"的战略。浦东和虹桥两场旅客吞吐量远景规划满足 1.1 亿人次/年，其中虹桥国际机场满足 3000 万人次/年。根据两场分工和定位，将原规划的 1700m 间距远距离跑道改为 365m 间距的近距离跑道，释放出约 7km² 的土地，为上海"建设枢纽，服务长三角"城市发展战略提供用地保障。

（2）飞行区设置绕行滑行道等优化方案，缓解了长期困扰机场的噪声问题，彻底解决了助航灯光安全管理等问题

飞行区新建跑道与现有跑道 365m 的间距是国内机场第一组最近距离平行跑道。根据运营航线、起降机型对跑道长度的要求，新建和现有跑道长度规划确定为 3300m，并将降落点内移 300m，使飞机降落时噪声影响范围缩小 300m 左右，把跑道两端噪声 85dB 以上的区域，几乎全部移到了机场用地范围之内，从而减少了高分贝噪声区的动迁范围和动迁成本。

由于历史发展原因，虹桥国际机场现有跑道两头约近 800 户居民、50 家企业长期受飞行噪声影响。跑道助航灯光在居民院子内，日常维护、安全生产得不到保障。在虹桥国际机场总体规划修编中，在跑道南北两端设置了连接东西站坪滑行道系统的绕行滑行道，把跑道两端的土地纳入机场扩建工程的征地范围，使跑道两端居民彻底脱离航空噪声的影响；动迁后跑道的助航灯光系统全部在机场飞行区围界保护范围内，也解决了机场长期困扰运行部门的灯光维护问题。

设置绕行滑行道后，每天可以将跑道穿越次数由不设置绕滑时的 500～600 架次减少到 128 次，提升了飞行区容量和飞行区安全保障能力。

（3）"一次规划、分期建设"，"100％近机位比例"提升人性化机场服务标准，规划灵活的站坪滑行道布局和组合桥位布置运行提升效能

西航站楼设计具备"一次规划，分期实施"的灵活性。本期扩建工程建设容量为年旅客吞吐量 2100 万人次，为主楼加两个候机指廊，未来可通过南北向指廊的扩建满足 3000 万人次年旅客吞吐量。

"100％的近机位比例"，为建设人性化机场提供有力支持，本期航站楼主楼机位 64 个，近机位数 57 个，近机位比例为 70％。远机位在预留指廊完成后可以全部成为近机位，近机位比例达到 100％。

航站区机位围绕航站楼主楼紧凑布置，使旅客步行距离有效控制在 IATA 建议的 300m 步行距离服务标准要求范围内。

每个港湾式站坪均规划三条平行滑行通道，高峰日航班离港的平均地面延误时间控制在 5min 内。

近机位中 8 个机位运用了组合机位的设计，每个机位有 3 种机型组合方案，使西航站楼机门位布局方案可以在今后随着不同航空公司在不同时期下的需求作出动态的调整，提高了登机桥使用效率及其灵活性。

（4）西航站楼与机场广场一体化设计，方便旅客换乘

西航站楼和机场广场通过 12m 高架出发层、6m 夹层和 −9.5m 地铁站厅层三个连接廊道紧密联系，航站楼的办票功能向机场广场延伸。机场广场 12m 具有两组虹桥国际机场办票柜台和两组浦东国际机场办票柜台，同时配备大量自助办票机，在机场广场内就可以处理机场办票业务，使得旅客到达机场广场就等于来到了机场航站楼。

在地铁虹桥西站与西航站楼的竖向联系中，乘地铁的出发和到达旅客可通过直达自动扶梯直接进入机场值机大厅和到达层的迎客厅，地铁和西航站楼之间的旅客换乘非常便捷。

西航站楼主楼办票功能延伸到机场广场内，使得西航站楼和磁浮站屋连接紧密。磁浮作为未来两场联络线，可以在 27min 内使长三角地区旅客方便、快捷抵达浦东国际机场。

（5）生产办公用房集中规划建设，充分提高土地利用效率

通过统筹安排，将生产保障必备和候机楼管理使用功能需求相近用房合并建设，集中布置在航站楼主楼上部和南北两侧。航站楼主楼自 24.65m 层往上设置南北两幢业务用房，总建筑面积约 6 万 m²。航站楼指廊南侧还布置了 4.6 万 m² 航空公司管理用房和 5.3 万 m² 旅客过夜用房，通过连接廊分别与航站楼指廊和主楼相连，可以让航空公司机组、现场管理人员和旅客直接抵达候机指廊，也使得西区工作区较现有东工作区土地使用减少

近 1km²。

同时，由于新建西航站楼和高速铁路车站、磁浮车站以及为之相配套的机场和高铁广场结合在一起，城市轨道交通、地面公交、出租车等多种交通方式的汇集，不仅提高了交通换乘的效率，也提高了资源利用的集约化程度，三大交通功能设施统筹建设预计节省配套用地 2000 亩左右。配套设施的集约化利用，使机场扩建工程节省配套设施投资约 20 亿元人民币。

按照飞行区常规设计，灯光站和消防站单独布置。为了节约土地资源，规划在国内机场第一次将灯光站和消防站合建，在满足功能要求的同时，减小占地约 15 亩。

（6）办票柜台采用前列式布局，进出港旅客按空间严格分离

针对国内航站楼运行特点，确定了主楼 80 个办票柜台南北向前列式排列方案，使航站楼主楼净深仅为 108m，3000 万年旅客吞吐量国内航站楼旅客使用面积控制在 25 万 m²内，有效控制建设规模，提高了国内航站楼经济性。

同时，西航站楼为了保证日益严格的安检要求，在空间设计上做到严格的到离港旅客分离，这样为机场运营管理也带了节省人力，登机桥口可以不再增设安检岗位。

楼层转换上，设计出发旅客从 8.5m 候机区前往 4.2m 登机桥的高差转换采用了斜坡道的设计方案，共节省 54 个自动扶梯和 54 个楼梯，为今后运行节省了大量能耗。

（7）中转功能突出，满足 IATA 国内中转 45min 的要求

设计上突出强调"减少旅客步行距离，简化旅客和行李流程"等方便旅客中转的思想，在航站楼内设置了三个中转区域。中转旅客分为两大类：一类是旅客和行李不见面，另一类是旅客和行李见面。对于第一类旅客，旅客直接在 4.2m 到达层签转中心完成办票手续后乘直达自动扶梯至 12m 层安检通道前方，进入始发旅客流程。对于第二类旅客，旅客在 0m 行李提取区域提取行李后可直接进入行李提取大厅中部的中转旅客办票区域，在完成办票和托运行李后可在该区域乘自动扶梯抵至 4.2m 的签转中心，汇入第一类旅客流程。从中转时间要求上可以满足最短衔接时间的要求。两类中转旅客中转时间均满足IATA（国际民航运输协会）最短衔接时间的要求（国内中转 45min）。

（8）航班生产信息系统的两场一体化规划

虹桥机场扩建工程是上海机场航空发展战略的重要步骤。航班生产信息系统遵循统一规划、分步分场的原则已在浦东机场二期扩建中建设了两场统一的信息集成基础设施，获得了统一的航班信息来源，统一的 AODB 和 IMB。今后，两场航班生产的核心数据、航班信息源集中存储、处理，并为两场提供统一的信息集成平台，支持集团层面对于两场运行状况的监控；航班操作和资源操作处理两场相对独立；两场的弱电信息子系统能够保持系统的独立性分别部署在虹桥和浦东，确保两场独立运行。

（9）超大规模基坑建设采用技术创新

机场航站楼、磁浮车站、高铁车站等交通设施综合在一起，构成了一个近 130 万 m²的超大体量的综合建筑群体。基坑开挖总面积高达 52 万 m²，地下工程量巨大，开挖土方543 万 m³，基坑东西长 2000m，南北最宽 600m，开挖最大深度达 29m，施工难度大。

通过严格管理，工程实施中先后克服了软土地基条件下土体回弹、整体位移的控制和基坑群同步施工环境影响控制两项重大技术难题。工程创新采用多级梯次联合围护形式，共节约投资约 3.5 亿元（不计拔桩及卸载节约费用）。工期上由于节省了前期围护体的施工

工期以及多余支撑的施工及拆除等工序，减少约 12 个月的工期，为整个工程顺利在世博会前建成投运提供了基础性保障。

（10）以科技创新解决重大工程建设难题

在民航局、上海市建交委、市科委等单位的指导下，指挥部先后组织开展了 6 大类、59 项科技攻关课题，从总体规划设计、信息系统建设、绿色机场建设研究、深大地下工程研究、综合交通枢纽防灾和关键施工技术六方面进行了研究，获得资助经费 1000 余万元。其中，"虹桥综合交通枢纽综合防灾研究"课题，是国内第一次对大型综合交通枢纽设施应对地震、风灾、火灾、水灾、恐怖袭击五类主要灾害的综合防灾体系研究，为工程防灾设计和运营期防灾管理提供指导；"飞行区地下穿越关键技术研究"课题是国内第一次针对轨道交通、道路穿越飞行区的技术研究。经初步统计分析，所提供的工程指导性成果共节约投资约 5 亿元，取得专利 10 余项，出版专著 10 部，发表学术论文 100 多篇。

（11）以运营为向导，充分满足使用单位意见

建设过程中指挥部与虹桥机场公司、航空公司等运行单位充分沟通，先后 9 次组织参与项目设计的 4 家总体设计单位向航空公司、虹桥机场公司飞行区管理部、航站区管理部等单位进行设计回访，共梳理出使用单位提出修改意见 190 条，协调解决落实 162 条。

指挥部与虹桥机场公司先后成立了航空业务部和西区联络办等专门协调部门，积极架起指挥部和运行管理部门的沟通桥梁。先后开展了协调例会、设计方案介绍、总体规划介绍等专题活动，为运行单位顺利接收奠定基础。

参照国际先进机场管理模式，以及浦东机场扩建工程的实践经验，构建"区域化管理、专业化支持"的管理架构，形成飞行区、航站区、场区三大区域管理主体，依托 AOC、TOC、OMC 三大信息管理平台，进行区域化管理。同时，配以能源、机电、安检、消防四大专业支持，形成专业化支持。

3. 工程建设节点

（1）西航站楼：2006 年年底开始打桩，2008 年 5 月结构封顶，2009 年 10 月完成精装修，2009 年 12 月竣工验收。

（2）飞行区：2006 年开始地基处理，2008 年 5 月地基处理完工，2009 年 8 月场道主体混凝土完工，2009 年 11 月助航灯光完工，2009 年 12 月竣工验收。

（3）综合配套工程：35kV 变电站 2009 年 5 月完工，能源中心、业务用房、市政道路在 2009 年 12 月前基本完工。

（4）2009 年 12 月 31 日，第二跑道完成校飞。

（5）2010 年 1 月 15 日，第二跑道完成试飞。

（6）2010 年 2 月底或 3 月初，行业验收。

（7）2010 年 3 月 16 日，正式投入使用。

3.2 新机场建设工程

3.2.1 广州新白云机场航站楼建设工程

1. 航站楼的总体规划和分期建设规模

广州新白云国际机场是我国"十五"期间重点建设项目，工程总投资 196 亿元。航站楼应用了世界先进的建筑技术和材料，是整个迁建工程"大、新、尖"建设管理的缩影。

新白云国际机场遵循"统一规划、分期建设、滚动发展"的指导思想,分期进行建设。总体布局按照中心航站区、飞行区、工作区、货运区、机务维修区进行规划。其中,航站区的总体规划由航站楼、陆侧、空侧三个系统组成(见图3.2-1)。

图 3.2-1   新白云机场航站区总体规划图

(1)航站区总体规划

1)航站楼

航站楼的规划,首先满足客运流程,集中值机,分散登机,到达与出发分离。同时尽量增加近机位,集中布置基地航空公司,从而也加强了中转功能。航站楼构型为东、西两个弧形建筑物,将航站楼、过夜用房、停车楼及陆侧交通系统等围绕其中,形成一个巨大的弧形建筑群体。

考虑到远期发展,在本期航站楼内(地下)预留了轻轨的车站,在主进场道路的红线范围内已预留了轻轨的位置,通过轻轨可以将进入机场的旅客直接送至航站楼内,并把离开机场的旅客送至广州市地铁环线。

2)航站楼前交通系统

航站楼及各建筑物间依航站楼构型由环路连接,最终形成出港在上、到港在下、到达与出发分开,双层环路为主及轻轨铁路为辅的交通系统。主进场路(南进场路)正对航站楼,规划为上下行各6车道,在进入机场后以部分立交方式组织交通,避免工作区车流与主车流的平面交叉。在航站楼办票厅前后规划停车场和一定规模的停车楼,主要供旅客车辆的停放。

3)机坪

航站楼远期建筑物占地南北长约1950m,东西长达1095m,一期可提供66个机位(含远机位),远期达到196个左右的机位。站坪布置主要考虑满足飞机运行高效、流畅,同时考虑机场的长远发展,在航站楼南北两侧预留了较大的机坪建设用地。

(2)分期建设规模

1)一期建设

新机场一期建设目标年为2010年,按满足2010年年旅客吞吐量2500万人次、高峰小时旅客流量9300人、年飞机起降17万架次、高峰小时起降90~100架次需求进行设计。航站楼规模为35万m²。建成部分为远期规划规模的南半部,由九个子项构成:主航站楼，东连接楼(包括东连接桥)，西连接楼(包括东连接桥)，东1、东2指廊、西1、西2指廊，东西设备机房，在主航站楼面北两侧的高架桥。一期建设的四个指廊提供了46个国际、国内近机位。

2)二期扩建项目

二期扩建工程建设目标年为2015年，预测旅客年吞吐量5700万人次，高峰小时旅客数18115人次，其中：国际3849人次、国内14266人次。扩建分两个阶段：

第一阶段：建设东三、西三指廊，增加23个近机位，一期已经建成的项目(东一、西一与东二、西二)共计46个近机位，则近机位共计69个。

第二阶段：建设2号航站楼主楼和东四、五、六指廊供国际旅客使用，现有东一指廊的国际部分全部纳入1号航站楼处理。原来的东一1指廊合并到国内部分使用。

3)远期规划

远期规划2035年预测旅客年吞吐量9500万人次。

第二航站区完成西四、五六和东七指廊，满足7500万旅客流量的需求。再扩建的第二航站区，航站楼面积22万 m²，完成2000万旅客的处理能力。两个航站区合计航站楼面积116万 m²，年总处理能力为9500万旅客。

2.航站楼先进的设计思想

新机场航站楼由美国帕森斯公司和佳拿公司合作完成方案设计及初步设计，由广东省建筑设计研究院进行施工图设计；中国民航机场建设集团公司承担飞行区和机坪设计。航站楼的设计遵循"布局合理、使用方便、技术先进、运行高效"的指导思想进行，其设计特点主要如下：

(1)自然流动的造型设计

新白云机场航站楼采用流线形及三锥曲面的造型，大量使用蓝绿色的点式玻璃幕墙，衬以银灰色的铝扳屋面和外墙，配以用张拉膜覆盖的采光带，体现出强烈的高科技时代特色。航站楼外观呈现自然流动的缓弧形整体造型，创造了无限延展的视觉想象，蕴含了机场作为空中桥梁连接世界的美好意念。航站楼整体采用了钢结构屋架和点式玻璃幕墙围护结构，营造内部空间开敞、通透的视觉效果，宏大的无遮挡空间增强了功能区域的可识别性，同时将旅客与迎送亲友人员感情互动的人情味注入设计之中。主楼屋面设计为两层平缓曲度不同的弧形屋盖，高屋顶盖使用的张拉膜材料具有透明特性，形成了主楼屋顶的长型天窗，与指廊屋顶的玻璃材质天窗互为呼应，既为航站楼接纳了自然光能，同时透洒的阳光也为旅客制造了光影变幻的奇妙感受，使航站楼在夜色中变成了一座轻灵、飘逸的"水晶之城"。

(2)分区合理的平面布置

1)主航站楼

共五层建筑物，包括地下两层、地上三层，功能定位为办理登记手续同时附带其他功能设施。地下二层为上下地铁的平台，地下一层为地铁票务及电力机械空间。地上一层为包括公共活动区、行政办公区、餐饮区及电力机械空间。地上二层为转港通道区，地上三层包括办票大厅和公共区、商业零售区及电力机械空间。

办票大厅采取"集中处理、分散登机"的布置方式，便于旅客识别和办理手续，同时设施使用率高，运行紧凑合理，维护和操作费用低。

2）东、西连接楼

为三层建筑物，功能定位为出入境检查、安全检查，并作为到达大厅。首层包括行李提取、行李搬运、机场办公室及电力机械空间，另外还有垂直的交通动线到达地下的旅客通道直达主航站楼的地铁办票处。二层包括连廊办公室及支持区域，三层包括离境办公区、零售区和电力机械空间。

3）指廊

为三层建筑物，作为登机和到达的联络通道。首层包括机坪操作、服务车辆停放区及电力机械空间，二层包括到港走廊及相关的支持区域，三层包括离境大厅、旅客候机区、零售商店和相关的区域。其中，东一指廊为国际航线指廊，位在东边相应于两条跑道之较长者，此项选择基于大型飞机通常起降于国际航线的假定，因此，邻近较大的跑道可提供更理想的机场管理。东二指廊被设定成参与服务广州市的各条国内航线，西一指廊、西二指廊被设定成参与支持任何超过东指廊负荷量的国内航空货运及中国南方航空公司的所有航班。

（3）简捷、顺畅的流程组织

航站楼的工艺流程包括旅客流程、贵宾流程、迎送参观人员流程、工作人员流程、行李流程等。其中，旅客流程又包括出港旅客流程、到港旅客流程和中转旅客流程等。出港旅客和行李在 30min 内便能处理完毕。飞机抵港到登机桥后 20min 内即可处理第一名该机入港旅客和第一件该机抵港行李，极大地方便了进港、出港旅客。

航站楼的流程设计为两层式，上层出港、下层进港。划分指廊功能区域，将东一指廊作为国际航班，其余三条指廊作为国内航班。

3. 航站楼施工管理模式及经验

（1）创新组织结构

新机场工程采取项目法人责任制的形式设立工程指挥部，按职能设置各综合管理处室，按专业和区域设置各工程处。其中航站区（楼）因其工程的复杂性和特殊性，在工程管理模式上进行了一定程度上的创新，具体做法如下：

1）设立航站区"工程项目领导小组"

由于航站区工程处在施工阶段主要负责以土建工程为主体的工程项目管理，进入施工高峰后，随着给水排水及强电弱电工程的展开，面临着专业工程及设备物资供应等方面的协调配合问题，这时由航站区工程处来协调这些关系遇到一定的难度，若不加大这方面的协调力度，可能致使航站区的施工进度影响整个迁建工程的进度目标。工程指挥部根据这种状况，及时做出决策，成立以指挥长兼任总负责人、副指挥长兼任设备材料物资供应负责人、总工程师兼任技术总协调负责人的"航站区项目领导小组"。这一措施大大强化了航站区工程处矩阵式的项目管理组织结构，加强了工程指挥部对航站区工程管理的领导，充实和提升了航站区工程项目管理的职能，实现了工程处一级项目管理组织系统的动态优化，对航站区工程的进度目标控制起到了重要的作用。

2）航站区施工管理引入"施工管理总承包"模式

航站区工程平行发包的土建工程和安装工程有多家单位，因此，随着工程的展开，面对这么施工单位进场，业主的组织协调任务量十分繁重，工程处的组织架构又不宜过量地招聘管理人员，以免工程完成后人员的安排困难。尽管委托了一家由广东海外监理公司和上海建科院监理公司组成的"监理联合部",为航站区工程提供工程监理咨询服务,作为业主的一支管理力量,介入项目实施的目标控制、合同管理和组织协调,但由于施工单位太多,在管理上也有很大的难度。为此工程指挥部决定,航站区工程委托一家有实力的"施工总承包管理"单位,将平行发包的各施工单位,由施工总承包管理单位进行组织协调和管理,如图 3.2-2 所示。

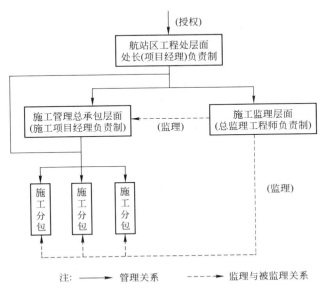

图 3.2-2　广州新白云国际机场航站区项目管理系统构成图

引入"施工管理总承包"单位,有利于减少业主方对平行承包商的组织协调任务量,减少业主方项目管理人员的配置。实践证明,施工管理总承包单位在这方面发挥了积极的作用,取得较好的效果。

(2) 实际管理中贯彻的四大机制

1) 明确统一指挥、分层次管理机制

① 统一指挥就是确立工程指挥部,在建设管理中的最高领导、决策和指挥的地位,指挥长就是建设过程的最高管理者、决策者和指挥官。工程指挥部的各职能部门是指挥机构的工作班子,一方面为重大问题决策提供技术、经济、管理和法规方面的业务支持;另一方面是在分工授权的条件下,明确部门的管理责任和工作目标,使建设管理总目标进行第一次分解和落实,并建立相应的考核评价标准,形成激励和约束机制,这是第一层面的运行机制。实践中工程指挥部各部门提出"和谐就是力量"的协同思想,正是这种机制发生作用的表现。

② 第二层面是各工程处对施工总包及施工监理单位的管理机制,主要是工程处处长作为项目经理,对项目的投资、质量管理和进度目标负责,在工程指挥部的授权下,直接介入设计过程、招标投标和施工过程,通过优化或改善设计,优选施工及监理单位,审核和批准施工方案,跟踪施工安装作业过程,严格验收把关,规范结算签证等实际运作环节,调动施工和监理单位的积极性,把工程指挥部方针、决策和部署,通过合同管理,全面而有效地贯彻到施工和监理单位中去。

③ 第三层面就是发挥监理和施工管理总包单位对各平行承/分包商的现场监控和指导作用，使工程处一级的项目管理方针、计划和目标要求，能够全面地贯彻到各个作业点和施工班组中去，这是项目运行的第一现场，是实现一切管理目标的基础和保证。可以说，中上层管理者的作用是靠智力和经验出效益，而作业者的作用是靠能力和实干出效益，因此只有当两者都处于良好的或最优的状态时，才能使项目管理的预期目标得到最佳的实现，对作业者的管理机制，是整个组织系统机制十分重要的组成部分。

由此可见，白云国际机场建设管理组织系统的运行机制，实际上是通过统一指挥、授权管理和发挥合同的纽带作用，形成分层次的将总目标分解贯彻落实到各个层面，直至基层末端作业者的岗位上，同时也就产生了由下至上层层对建设管理总目标的保证作用。

2）强化履约责任的承包商自主管理机制

承包商内部管理状况，是建设项目管理最直接也是影响最大的方面。承包商和业主，在建设项目管理中所处的地位、责任和利益关系不同，承包商的管理由其卖方行为所决定，在建筑产品先交易、后生产的特殊条件下，承包商的诚信意识和行为，对工程项目的质量、进度、投资目标都会产生不可估量的影响，因此，如何强化承包商的履约责任和自主管理机制，是业主进行建设项目管理必须认真考虑的重要问题。工程指挥部借鉴其他建设工程管理经验，抓住以下几点做法，以强化承包的履约责任，促使其自主管理机制的形成和实际管理责任的到位。

① 在招标阶段，严格确定投标人的入围条件和项目经理人选条件，防止"企业高资质，项目经理低水平"的状况，保证两者都能符合发包工程的管理需要。因此，在考虑标段划分，招标内容的组合等方面，都尽量做到对高资质施工单位有较大的吸引力，使他们能从中感到有充分发挥其技术实力和管理优势的空间，从而派出实力强的项目经理和管理人员。

② 认真而仔细地做承包合同的谈判和签约工作，在合同条件中严格对承包商的履约责任提出明确要求，为承包商加强自我管理打下基础，也为工程指挥部的各职能部门、工程处及工程监理单位对承包商的监控，提供了依据和基本管理手段。

③ 对承包商的自主管理方案，采取递深的监控方法，即通过工程项目实施的不同阶段，逐步深化控制承包商的管理方案，包括在招投标阶段，技术标书和施工项目管理实施方案或施工组织规划的评审，承包商进场后开工前对其详细施工组织设计文件、进度计划及施工质量保证措施的评审。通过监理单位审核和工程处的批准确认，从而使承包商的管理计划，能够建立在自觉履行工程合同上，将自身的管理目标和建设项目的总目标密切地挂钩，努力做到保证其管理思路和指导思想，在合同条件的基础上，与工程指挥部的管理方针和目标保持一致。

3）依托施工管理总承包及监理单位的协调监控机制

引入"施工管理总承包单位"来解决业主自行协调和监控能力不足的问题，是一种有力的补救措施。在这种情况下，施工管理总承包单位和监理单位实际上成为业主对施工承包商进行管理和监控的两只手，使他们站在各自的立场上，起到强化业主管理的作用，构成了项目管理运行机制的一个重要方面。

明确施工管理总承包单位的地位和责任。通过采取一系列措施，使各平行承包商，首先归口由施工管理总承包单位进行综合管理，包括施工技术文件的提出、工程报告和结算付款申请等各个方面，必须首先通过施工管理总承包单位的现场经理审查确认，然后再报有关部门和单位。其次，工程处或监理单位的指令，都要经过施工管理总承包单位对下进行贯彻落实。这样一来，虽然在工程处、监理单位和各平行施工单位之间多了一个总承包管理层次，但很多问题可以由施工管理总承包单位协调解决，大大减轻了业主方的协调工作量。

4）健全、有效的工程例会协调管理机制

健全而有效的工程例会制度是及时协调管理关系，处理重大问题所不可缺少的方式，也是建设项目管理的运行机制。广州白云国际机场的建设管理中，从工程指挥部层面、工程区层面到施工单位的项目经理层面，以及各施工监理部层面，都相应地建立了面向工程对象和管理范围的工程例会制度，对推进各个层面建设管理的运行，起到了积极的作用。

总之，以上四个方面的管理机制，有效保证了工程指挥部的统一指挥、分权管理，推进施工战略部署和管理目标的有效控制，是项目成功的重要组织条件。

4. 高新技术的应用

在航站楼施工过程中，诞生了下述一系列先进施工技术和施工工艺，为今后类似工程建设提供了宝贵的施工和技术管理经验。

（1）岩溶地质条件下冲孔灌注桩施工

广州新白云国际机场航站楼所处地带工程地质条件异常复杂，各种岩溶现象普遍发育，土溶洞纵横交错，淤泥沙层漫布四周，形成国内罕见的地质条件。针对特殊的地质条件，航站楼的主体结构采用嵌岩冲孔桩。嵌岩桩曾考虑过采用带钢护筒及硬合金钻头的干式成孔钻孔桩，后因国内这类桩机的数量太少而改为湿式成孔泥浆护壁反循环冲孔灌注桩。

通过对岩溶地质条件下航站楼冲孔桩施工的实践，工程指挥部制定了全截面入岩的鉴别标准，对于施工中泥浆流失、串浆、卡锤、塌孔、偏孔、断桩等问题，也制定了对应的技术措施。

经过对桩基采用动测、超声波、抽芯和静载等方法进行检测，桩基质量达到优良，证明制定的全岩面判定标准在指导航站楼桩基施工中取得了良好效果。在这一成功经验的基础上，该标准又应用到新机场其他工程项目，如飞机维修库、塔台、飞机联络道桥和回转匝道等桩基工程，同样取得了良好效果。广州新白云国际机场冲孔桩实施的经验为华南地区岩溶地层的桩基施工和石灰岩地区的工程建设提供了有益的参考。

（2）钢结构整体曲线滑移施工技术

广州新白云国际机场航站主楼钢结构由空间管桁架所形成的屋盖和支承屋盖的人字形柱所组成，桁架的跨度大，整榀桁架的长度长，单榀重量重，结构形式复杂，所有桁架的长度、安装高度、安装角度均不同，且在X、Y、Z三个面内均为曲线，并且桁架安装时钢结构屋盖下的混凝土楼盖施工已经完成。要在保证已施工完毕的土建结构安全的情况下完成航站主楼钢结构的安装，技术要求高且施工难度大。通过综合比较，最后从多种方案中选定采用地面分段拼装，高空分组组对、桁架和胎架整体滑移的施工技术。

"广州新白云国际机场航站楼大跨度双曲面钢屋盖曲线滑移综合施工技术"已通过专家鉴定，整体技术达到国际先进水平，其中曲线滑移技术达到国际领先水平。该技术在新白云国际机场航站主楼工程中的实践，为滑移施工技术增添了一条新的思路，也为今后类似结构的施工提供了宝贵的经验。

（3）自平衡索钢桁架点支式玻璃幕墙施工

广州新白云国际机场航站楼外围护结构主要为自平衡索桁架点支式玻璃幕墙，小部分为钢管驳接结构点支式玻璃幕墙，同时还配有少量隐框玻璃幕墙及铝板幕墙，幕墙总面积约 140000m²，其中点玻面积近 9 万 m²，目前在我国最大，在世界上也罕见。新机场航站楼建筑面积大、结构形式复杂，玻璃幕墙工程存在许多难点。1）主航站楼南北立面为两个下部半径为 943.8m，高度为 5350m 的圆锥体的一部分曲面，整个幕墙外倾斜度为 80°，顶部随屋面呈弧形，总弧长为 294m，如此大的锥形面玻璃幕墙在世界上是很少见的。2）该工程玻璃幕墙的主要支撑结构为自平衡索桁架系统，大面积使用自平衡索桁架作为玻璃幕墙的支承结构在我国还是首次。3）钢桁架相贯线接头的钢管切割和焊接难度大，且还有许多桁架是弧形的，结构复杂，桁架的制作和吊装也是难点之一。4）玻璃幕墙面积大，且主航站楼南北立面空间形式为圆锥体；东西连接楼空侧部位为 450m 长的弧形点式玻璃幕墙，因此航站楼幕墙的平整度、倾斜角度和弧度的控制是幕墙安装的难点重点。

为解决上述难题，在施工过程中，技术人员独创了一套自平衡索桁架点支式玻璃幕墙的工艺流程：测量放线→预埋件设置、校准与固定→上下支座安装→竖向钢桁架安装、校准→顶部钢桁架安装、校准、检验→自平衡索桁架安装、校准、检验→拉索及拉杆的安装→桁架整体调整→安装驳接系统、校准、检验→安装玻璃、调整、检验→打胶、修补、检验→玻璃清洗、交验。整个流程畅顺合理，工序衔接准确到位，确保了安装质量，创造了超大型点支式玻璃幕墙施工的实践范例。

（4）航站楼厚钢板焊接技术

广州新白云国际机场航站楼钢结构型式均为桁架体系，制作施工技术要求高、难度大，特别是连接桥中焊接 H 型钢为厚钢板焊接而成，最大厚度腹板为 70mm，翼缘板 125mm，材质为美国 ASTM 标准的 A572Grade50，钢材可焊性一般，易产生裂纹和较大的焊接变形，这就对焊接工艺提出了较高的要求。如何保证在厚板焊接过程中防止由于焊接而导致的裂纹以及减小焊接变形，是该工程的难点和重点。

大跨度港结构和超高层钢结构的迅猛发展使得构件的截面越来越大，钢板的厚度越来越厚。新机场航站楼工程为保证厚钢板焊接的成功，分别从剖口形式、气割方式、预热和后热处理等方面进行了多次试验，最终确定了各方面的参数，并在实践中取得了较好的效果。其后钢板焊接技术的成功为同类工程提供了宝贵的借鉴。

（5）桩筏基础筏板大体积混凝土温控防裂措施

新机场主航站楼基础工程依据功能、下部土质条件，采用了冲孔灌注桩、干式成孔嵌岩桩、预应力管桩、桩筏 4 种基础形式。实际施工中在防裂抗裂方面有以下技术难点：

1）基础总面积与分块面积大且不留后浇带，桩基础与相邻块对底板变形有锚固作用，不能自由变形。桩筏基础 3 块共 30623m²，航站楼负一层底板最大块面积 46.6m×52.2m，轻轨站底板最大块面积 45m×36.7m。

2）混凝土强度高、水泥用量大，对温度控制不利。底板混凝土采用 C40 混凝土，胶材用量在 400kg/m² 左右。下垫面的 25cm 厚碎石层和底板下部设 2mm PVC 防水膜、2 层无纺布对散热不利。

3) 对混凝土防裂要求高。底板在地下水位以下，有自防水要求。设计要求混凝土抗渗等级 P8，并做到没有贯穿裂缝。

针对以上难点，施工主要采取选择中热水泥、掺高效缓凝减水剂、高掺粉煤灰、通水人工冷却、掺膨胀剂补偿收缩等技术措施来解决。使用中热水泥、掺粉煤灰及高效减水剂后，经试验和计算分析，绝热温升为 40℃。典型块观测结果，全部厚度范围通水冷却与自然散热情况最高温度相差 6℃，中间层以下相差 12℃。水冷却内外温差最大为 21℃，基础温差最大为 36.5℃。掺膨胀剂可以补偿 12.55℃ 温降收缩，则补偿后基础温差 24℃；中间层以下基础温差 16.45℃，满足温控要求。

新白云机场航站楼的建成，成为广州市乃至华南地区的标志性建筑，获得了国内外同行们的一致好评。同时，新机场工程已获得第五届"詹天佑土木工程大奖"、第二届"全国绿色建筑创新奖以"及"2005 年全国十大建设科技成就奖"，是当时国内唯一获得建筑领域三项综合性大奖的机场工程项目。

3.2.2　昆明新机场工程建设与管理

昆明新机场的建设承担着实践国家"民航强国"战略和云南省"面向西南开放桥头堡"战略的重大任务，对于优化国家机场战略布局、促进云南经济又好又快发展和提高现代新昆明中心城市的综合竞争力将起到积极的促进作用。云南省政府确立了"建世纪工程、立千秋伟业、创中国一流"的建设目标，强调昆明新机场建设要坚持与国家民航发展战略紧密结合、与云南经济社会发展紧密结合、与现代新昆明建设紧密结合，按照现代交通理念创新综合交通模式、政府主导下的商业化开发模式推进建设。

中国民航局确定了以昆明新机场工程为试点示范，建设"节约型、环保型、科技型和人性化的现代化绿色机场"，将昆明新机场建成优质高效工程、安全廉洁工程、示范样板工程。

1. 昆明新机场规划

昆明市现有的昆明巫家坝机场是我国西南重要的区域枢纽机场，旅客吞吐量全国排名第七位，世界排名 66 位。昆明巫家坝国际机场始建于 1922 年，经 3 次改扩建，航站楼设计容量 800 万人次。2010 年昆明巫家坝机场旅客吞吐量达到 2019 万人次，远远超出航站楼设计容量，机场运营压力巨大。因昆明巫家坝机场距市中心直线距离 6.6km，机场周边已被城市包围，不具备原址扩建的条件。经国务院、中央军委批复，同意迁建昆明机场。

昆明新机场建设项目是国家"十一五"期间的重点建设工程、云南省特大型城市基础设施建设工程、云南省 20 项重点工程之一，其定位是中国面向东南亚、南亚和连接欧亚的国家门户枢纽机场，构建直飞东南亚、南亚主要城市及直飞欧洲、澳洲，经迪拜连通中东、非洲，经第三地连通北美的空中经济走廊。昆明新机场建成后，昆明将成为继北京、上海、广州之后全国第四个拥有国家大型门户枢纽机场的城市。

（1）项目审批

昆明新机场建设项目前期工作自 1998 年启动，从选址、立项到各类审批完成，历时10 年。

2007 年 1 月 29 日，国务院和中央军委批准迁建昆明机场；同年 10 月，中国民航局批复昆明新机场选址方案；2008 年 8 月 26 日，国家发改委批复昆明新机场可行性研究报告；同年 12 月 22 日，民航局、云南省政府联合批复昆明新机场总体规划；2009 年 2 月 24 日，民航局、云南省政府联合批复昆明新机场建设项目机场工程初步设计及概算。2009 年 8 月 9 日，民航局正式同意昆明新机场命名为"昆明长水国际机场"。

（2）项目规模

昆明新机场场址位于浑水塘火车站附近，在昆明市东北方向，距市中心直线距离约 24.5km。昆明新机场本期规划目标为满足 2015 年旅客吞吐量 2400 万人次、货邮吞吐量 60 万 t、飞机起降 19.7 万架次，远期满足 2040 年旅客吞吐量 6500 万人次、货邮吞吐量 230 万 t、飞机起降 45.6 万架次。远期规划控制用地约 22.97km²。工程建设规模为飞行区按照 4F 标准规划、本期按照 4E 标准设计，远期规划为 4 条跑道，终端设计容量为 6000 万至 8000 万人次。本期工程新建两条长度分别为东跑道长 4500m、西跑道长 4000m、垂直间距 1950m 的远距平行跑道，配置双向 I 类精密进近仪表着陆系统及相应的助航灯光系统；航站楼按照满足 2020 年旅客吞吐量 3800 万人次的需求一次建成，即新建一座 54.83 万 m² 的航站楼，站坪机位 84 个，其中近机位 68 个；航站楼前高架桥建筑面积为 7.3 万 m²，停车楼 14.6 万 m²，地面停车场 6.2 万 m²；新建 3.5 万 m² 的货运站，1.4 万 m² 的航空配餐设施；配套建设供电、供水、供热、供冷、燃气、污水污物处理设施等。

2. 昆明新机场建设项目

（1）航站楼工程

1）航站楼工程建设

航站楼南北总长度为 855.1m，航站楼东西总宽度为 1134.8m。现中央指廊宽度为 40m；"Y"形指廊宽度 37m，尽端局部放大到 63m；前端东西两侧指廊端部双侧机位的部分，指廊宽度 46m；指廊根部单侧机位部分指廊宽度为 28m。

航站楼在平面构型上可分成前端主楼、前端东侧指廊、前端西侧指廊、中央指廊、北侧 Y 指廊 5 大部分。其中主楼部分为办票厅、联检区、中央商业区、行李大厅、行李机房等主要功能；前段东侧指廊为国际候机区及政务 VIP 区；前端西侧指廊在 2020 年之前为国内候机区，在 2020 年之后逐渐转化成为国际候机区，商务 VIP 区布置在西侧指廊；中央指廊和北侧 Y 形指廊为国内候机区、到达通道。主楼为地上三层（局部四层）、地下三层构型。三层为办票大厅及国内出发安检区。在办票大厅后侧利用商业/办公用房的屋顶设局部四层，安排陆侧餐饮功能和 CIP 旅客休息室。二层为国际出港联检区、行李收集/安检区及办公区机房等。首层＋/－0.0m 为国际进港旅客的通道、联检区及行李机房、办公等。为了解决国际/国内到港旅客通道的交叉，同时为了利用航站楼南低北高以及高填方的特殊地势，设计中将行李提取大厅、迎客大厅以及到达车道边布置在了－5.0m 的地下一层。地下二层标高－10.0m，主要功能为航站楼连接停车楼以及地铁车站的连接过厅及通道。地下三层标高－14.0m，主要功能为航站楼前端主楼的设备机电用房以及附属后勤用房，以及一条航站楼的货运/后勤服务通道。

前端东西指廊均采用了地上两层的构型。二层为中央出发候机、周边隔离廊到达的基本布置方式，其中东侧为国际区、西侧近期为国内区远期为国际区。首层为到港旅客的通廊以及 CIP、VIP、远机位出发/到达、站坪服务用房等，局部为 CIP、VIP 连接陆侧的出入口、休息区及服务用房功能。

2）航站楼主要特点

① 单体建筑面积国内第一。昆明新机场航站楼采用尽端式，主楼土建按照 2020 年旅客吞吐量 3800 万人次的需求一次建成，专用设备和公用配套设施按 2015 年旅客吞吐量 2400 万人次需求建成。为建设一流的现代国际机场，在新机场总体规划方案及航站楼概念设计方案国际征集中标方案基础上调整优化设计，以几何简约的构型和现代质感与自然完美融合，形成了大型集中式候机楼方案，面积为 54.83 万 m^2，是目前国内航站楼单体建筑面积之最。

② 七彩带与"金镶玉"铸就金色壮美。昆明新机场航站楼中心区屋顶及其支承屋顶的结构采用大跨度钢拱结构。彩带支撑最高点达 72m，彩带具有很强的张力和流畅性，根据方向不同，可以承担屋顶竖向荷载、传递地震荷载、风荷载等水平荷载。象征着七彩云南的七条金色钢彩带支拱，实现了建筑力学和美学刚柔相济的完美结合。航站楼幕墙结构，正面部分则是在钢彩带框架中镶嵌入玻璃幕墙，工艺复杂，施工难度大。钢彩带与玻璃幕墙形成的"金镶玉"造型将现代科技与传统文化之美有机结合，使昆明新机场航站楼成为一座诠释建筑美之精品。

③ 翘曲屋顶与跨曲面网架的独特设计。航站楼翘曲双坡屋顶的设计充分展示了云南民族传统建筑的神韵，将航站楼各主要建筑空间有机整合，使航站楼从南到北沿中指廊中轴形成了一条连续、贯通的曲线屋脊，室内的建筑空间自然贯通，为旅客在出发、到达过程中提供了连续的视觉感受和建筑体验。航站楼上部屋顶结构则采用连续跨曲面网架结构，网架最大跨度 72m，增强屋顶结构的整体性，提高屋顶抵抗不均匀荷载能力和屋顶结构的抗震能力，增强下部空间拱协调变形能力。根据建筑造型及布局，为满足建筑布局灵活多变的功能要求，航站楼主体结构采用现浇钢筋混凝土框架结构。

④ 减隔震技术及设施应用规模国内第一。昆明新机场项目处于典型的喀斯特地貌区域，地质情况复杂，同时处于小江断裂带，抗震设防要求高。昆明新机场建设项目作为国家抗震设防示范工程，专项组织开展了昆明新机场航站楼工程抗震关键技术研究。昆明新机场的设计充分考虑到基础公共设施对安全性设防的要求，工程抗震设防烈度为 8 度，基本可实现小震不坏、中震可修、大震不倒。除在建筑结构上采用钢彩带、跨曲面网架等结构增强抗震能力外，在航站楼全面安装减隔震垫和阻尼器，累计安装约 1810 个隔震垫，做到纵向、横向全面设防。

⑤ 大型枢纽机场行李系统国产化国内首例。针对国内大型机场行李处理系统领域长期被国外供应商垄断、系统造价高、维护费用高、售后服务不及时的局面，指挥部对国内外供应商进行了广泛的调研，结合国家"振兴装备制造业"和"大项目拉动大产业"的政策及民航局正在着手制定相关的行李处理设备的行业标准，提出可以考虑采用国产化尤其是国内自主知识产权的取证产品，得到了民航局和行业专家的一致认可。在反复调研、科学论证、综合权衡的基础上，指挥部协调组建了科技攻关组，结合昆明新机场航站楼的初步设计方案和行李分拣先进解决方案，展开昆明新机场的行李系统设计；按照大型机场行李处理系统的典型工艺和特征流程，制定了验证方案，由制造企业自筹资金和技术创新，搭建特征试验线进行特征单机、关键环节、系统集成、处理能力、可靠性等方面的实物验证系统，对设备、控制和系统集成进行了近一年的实物运行验证。验证证明系统运行效果良好，并得到了民航局领导和行业专家的普遍认可，其中 11 种专用设备全部一次性通过

了民航局的性能检测并获取了民航局颁发的使用许可证。这项攻关将为大型枢纽机场行李处理系统的国产化解决方案提供验证平台，对填补国内同类高技术产品的空白，提高我国机场装备和系统的自主研发、制造和配套能力，缩短我国机场地勤系统技术与国际先进技术之间的差距，降低高昂的进口费用成本和后续服务成本，摆脱国外产品和技术的制约有着重大而深远的意义。

⑥ 近机位的设置突出体现人性化理念。飞机构型的航站楼造型大大提高了近机位的设置数量，本期航站区站坪停机位 84 个，其中近机位 68 个，远期规划近机位 166 个，其中近机位 53 个。本期所有近机位安装了匹配的 400Hz 电源和预制冷空调系统，其中每个 C 类和 D 类机位登机桥悬挂一个 90kVA 的 400Hz 电源，每个 E 类和 F 类机位登机桥悬挂 2 个 90kVA 的 400Hz 电源，共计 77 台；其中每个 C 类机位登机桥悬挂一个 60 冷吨飞机空调；每个 D 类、E 类和 F 类机位登机桥悬挂一个 90 冷吨飞机空调，共计 68 台。在所有远机位设计安装了 400Hz 电源插座系统，以及 4 台移动式 400Hz 电源车。通过使用 GPU 减少飞机因使用 APU 而产生的 CO_2 的排放，提高站坪空气质量和舒适度。

⑦ 充分利用自然通风。航站楼主要自然通风区域选择在人流最为集中的南中心区及东、西前翼直指廊。为保证进风空气质量，航站楼主要自然通风进风口设置在南中心区陆侧的东西两侧幕墙，以及东、西前翼直指廊靠近中心区的南侧幕墙 10.40m 以下区域。在自然通风区域内，确定各部分的可开启通风面积与立面幕墙总面积之比为 8%～15%。实际开口的有效通风总面积按照模拟、测算要求可达 740m²。自然通风的出风口利用屋面可开启的天窗实现，同时也兼顾了自然采光的需要。在自然通风区域内，可开启的屋面自然通风窗有效通风面积约为 600m²。

考虑到航空噪声和空气污染等方面的影响，位于空侧的中央指廊、Y 指廊及前翼指廊东西两端等区域采用机械、自然相结合的组合式通风方式。即利用空气处理机组净化、过滤含有航空燃料燃烧尾气的室外空气，对室外风不需进行冷却或加热处理而直接送到各空调区域，通过屋面通风天窗自然排放。同时，为进一步提高自然通风效果，在航站楼旅客候机厅空侧外幕墙处每间隔 24m 距离，设置两套 3m×1.6m 自然通风可开启装置，根据实际运营情况，在条件许可的适宜时段选择开窗自然通风。

由于采用了自然通风，大大降低了空调运行的能耗，使航站楼在夏季和过渡季大部分时间能够通过自然通风满足室内的热舒适性要求。

⑧ 尽量使用自然采光，节约电能。航站楼设计中，在旅客集中的公共活动空间内采用了较大面积的玻璃外立面，最大限度地利用自然光线，减少人工照明开启的时间。同时，在航站楼屋面、屋脊处均匀设置天窗，这些天窗主要集中在外立面自然光照被削弱的纵深较大的内部区域，以补充此部分的自然采光。

在保证良好自然采光条件的同时，建筑幕墙和屋面的天窗也将室外的自然景观纳入到室内空间，使旅客更加贴近自然，令人愉悦的视觉感受大大减少了旅客候机、长途旅行的紧张和疲劳。

通过采光日照的计算机模拟分析，在三层、二层、B1 层等主要旅客公共区域(不含内区)全年可满足自然采光要求的时间与全年总日照有效时间(每日白天 10h)的比例大于 40%。

在充分利用自然采光的同时，进一步加强了采光均匀度的控制，在可能出现太阳直射或照度过大的屋脊天窗下方，采取了室内遮阳措施(其他屋面天窗通过屋架、室内吊顶等已可达到遮阳效果)。通过计算机模拟,重点考察了值机大厅和安检大厅视觉的光学舒适度。经模拟分析,值机大厅及安检区域照度分布均匀,该区域平均照度8500lx,最低照度7200lx,照度比1.18,控制在1.5倍范围内,可满足采光视觉舒适度的要求。

(2)飞行区及沥青道面工程

1)飞行区及沥青道面工程建设

按照飞行区总平面规划方案,昆明新机场东飞行区技术标准为4F,西飞行区按E类飞机使用要求进行设计。本期工程东西飞行区各修建一条跑道、二条平行滑行道(第二条平滑北段本期不建)、六条快速出口滑行道、二条东西飞行区联络滑行道、一条回转滑行道、若干垂直联络滑行道及机坪。

水泥混凝土道面工程在国内设计建设比较成熟,具有较多的实践经验,在昆明新机场、站坪、滑行道、联络道、跑道每端(0~295m)采用水泥混凝土道面,跑道除端部外,采用沥青混凝土道面。飞行区主要尺寸见表3.2-1,不同部位道面水泥混凝土厚度见表3.2-2,不同部位道面沥青混凝土厚度见表3.2-3。

飞行区及道面主要尺寸表　　　　　　　　　　　　　　　　表3.2-1

部位	项目	尺寸(m)
东西跑道	东西跑道间距(中—中)	1950
东飞行区	跑道长度×宽度	4500×60
	跑道道肩宽度	7.5
	跑道总宽	75
	防吹坪长度×宽度	120×75
	滑行道直线段道面宽度	25
	滑行道道肩宽度	17.5
	滑行道总宽度	60
	跑道与平滑间距(中—中)	190
	平滑与平滑间距(中—中)	100
	增补面尺寸	75×9.5
	快速出口滑行道	滑行出口弯道起点距离跑道端分别为1900m,2300m,2700m
西飞行区	跑道长度×宽度	4000×45
	跑道道肩宽度	7.5
	跑道总宽	60
	防吹坪长度×宽度	120×60
	滑行道直线段道面宽度	23
	滑行道道肩宽度	10.5
	滑行道总宽度	44
	跑道与平滑间距(中—中)	190
	平滑与平滑间距(中—中)	100
	增补面尺寸	75×8
	快速出口滑行道	滑行出口弯道起点距离跑道端分别为1900m,2300m,2700m

续表

部位	项目	尺寸(m)
东西飞行区联络滑行道	滑行道直线段道面宽度	23
	滑行道道肩宽度	10.5
	滑行道总宽度	44
特种服务车道	服务车道宽度	10(站坪内部)，18(站坪周边)
	路肩宽度	0.3

不同部位道面水泥混凝土厚度 表 3.2-2

部位	东飞行区(cm)	西飞行区(cm)
跑道端部(每端 295m)	42	42
平行滑行道及垂直联络滑行道	42	42
东西飞行区联络滑行道	42	42
快速出口滑行道	36	36
F、E 类机位道面	42	42
D 类机位道面	38	38
C 类机位道面	34	34
跑道道肩	16	16
其他道肩	12	12

不同部位道面沥青混凝土厚度 表 3.2-3

部位	沥青混凝土道面结构层	厚度(cm)
跑道端部(端部 295m~1000m)	SMA-13(SBS 改性沥青)	5
	AC-20(SBS 改性沥青＋抗车辙剂)	6.5
	AC-20(SBS 改性沥青)	6.5
	ATB-25 基层	10
	AC-5 粘结层＋土工布	1~2
	水泥稳定碎石	50
跑道中部	SMA-13(SBS 改性沥青)	5
	AC-20(SBS 改性沥青＋抗车辙剂)	6.5
	AC-20(SBS 改性沥青)	6.5
	ATB-25 基层	10
	AC-5 粘结层＋土工布	1~2
	水泥稳定碎石	40

　　昆明新机场沥青跑道建设是昆明绿色机场建设的一部分，被民航局列为沥青道面科技示范工程。虽然目前国内民航沥青混凝土道面建设技术已日趋成熟，但考虑到昆明新机场是国内首先采用新建沥青道面的 4F 级机场，昆明地区的气候特点、地形地质条件和高填方机场建设的特殊性，同时能够达到 15 年的预期使用寿命，即将建设的沥青道面仍有很

多需要解决的技术难题。为此，主要进行了各项研讨与论证工作：

① 2009年8月5～6日，民航局机场司委托中国民航工程咨询公司组织专家在北京对《昆明新机场工程跑道沥青道面施工图设计》进行了专项技术评审，评审内容主要是昆明新机场跑道沥青道面结构设计方案和施工技术要求，并提出了《关于昆明新机场工程跑道沥青道面施工图专项技术设计的评审报告》。

② 2009年11月，昆明新机场建设指挥部启动《昆明新机场科研项目任务—昆明新机场沥青道面建设关键技术研究》，将昆明新机场沥青跑道道面建设分解为沥青道面结构设计、沥青道面结构设计理论研究、沥青道面材料性能改善的途径和手段及沥青道面施工控制和维修养护决策四个专题，同时展开研究工作。

③ 2010年7月，在民航局机场司在北京召开了"昆明新机场沥青道面建设关键技术研究报告评审会"，会议对沥青道面结构设计优化、设计理论、材料配合比、施工技术、维护技术等六方面的研究中间报告进行评审，评审认为内容与深度基本达到昆明新机场工程跑道沥青道面施工图专项技术设计的评审要求，道面结构设计基本合理可行、设计指标基本齐全，施工、维护技术具有指导意义和实用价值，沥青混凝土道面结构设计理论及方法研究对于进一步完善我国机场道面的建设理论体系具有积极意义，研究专题经过进一步完善，可以在工程实施中和投入使用后应用。

④ 2010年10月～2011年2月，确定昆明新机场沥青道面试验段位置及施工单位，通过试验段建设验证设计参数、施工工艺组合，总结提炼施工参数。

⑤ 2011年6月，沥青道面工程正式开始施工，每一结构层先铺设200m左右的样板段并形成样板段总结报告，总结报告包括原材料检测、施工工艺和机械组合、人员配置、现场检测频率等数据结果，业主、设计、施工、监理单位共同审核同意后，开始大面积施工建设。

2）飞行区及沥青道面工程特点

① 地基处理及土石方实现场内平衡，总工程量国内第一。新机场原始地形极其复杂，场区西北侧是标高在2100m以上的连续山体，中部有东北向连续山体穿过整个场区，整个场址地形是中部高、两端低。场区地势起伏大，最高标高点2194m，最低标高点2025m，落差近170m，整个场区土石方填挖工程量达到2亿m³以上，是目前国内最大的土石方工程。通过科学的规划和反复调整，昆明新机场实现场区内挖填方平衡，最大限度地实现了生态平衡、环境保护以及水土保持的要求。截至2009年年底，本期土石方填筑工程全部完成，创造了15.98km²的人工平原，实现地基处理可经过两个雨季的沉降要求，为上部跑道道面工程建设奠定基础。

② 飞行区跑道两条全幅沥青道面国内第一次。沥青混凝土道面具有舒适、抗滑、低噪声、适应地基变形能力强、维修方便、易于改扩建等特点。昆明新机场所处地区常年温和，温差小，年降雨量中等；土基强度和抗变形能力较强，适合建设沥青混凝土道面。昆明新机场作为国家门户枢纽机场使用全幅沥青道面在国内尚属首例，道面结构类型为：对于本期建设的两条跑道，除了每条跑道两端295m的长度外，跑道中部及快速出口滑行道转弯进入直线段前的道面，均采用沥青道面；其他道面、道肩、防吹坪及围场路均采用水泥混凝土结构。设计借鉴了国外机场道面的设计和使用经验，以及我国公路高等级沥青路面建设的经验教训和最新研究成果，针对昆明新机场的气候特点和土基情况，通过各项技

术措施提高沥青道面的使用性能，保证其耐久性和使用寿命。指挥部相应开展了沥青道面建设关键技术研究，并将研究成果应用于设计中，有效地保证了全幅沥青道面设计的科学性、合理性和可行性。为加强研究与实际工程应用的联系，先铺设 500m 长的全厚度结构试验段，课题组技术人员全过程指导和咨询，验证各种参数。在多次调整和优化后，形成了用于实际工程的沥青道面结构和混合料配合比要求。

③ 快滑口位置和角度合理。机场跑道的快速出口滑行道对于提高跑道的容量而言，是至关重要的一项设施。在适当位置设置快速出口滑行道，有利于降落飞机尽快脱离跑道，减少占用跑道时间，从而提高跑道的飞行容量，同时减少降落飞机滑行油耗和起飞飞机等待时间。快速出口滑行道的位置选择受到很多当地因素的限制，这些因素包括：跑道的机型组合、飞行员技术、跑道表面的状况（湿或干）、机位相对于跑道的位置等。

为了尽可能地使快速出口滑行道位置设置合理，在昆明新机场规划设计中专题进行了快滑出口位置和运行仿真模拟研究。根据专题研究结论，快滑出口滑行道与跑道夹角 27°，第一条快滑出口距离跑道入口距离 1900m，第二、三条快滑距离跑道入口距离分别为 2300m、2700m，双向共计 6 条快滑。

④ 机场滑行道系统编码研究兼顾本期使用和远期建设的需求。国内外大型机场运行管理经验表明：滑行道编号方式的不合理以及地面指引标志安排的不科学，很容易成为事故发生的诱因，所以，滑行道及联络道编号系统的合理和引导标志的正确、清晰，对于飞行安全也极为重要。

鉴于机场滑行道代码资源的有限性，以及为了避免机场运行过程中的调整而造成混乱和浪费，确保机场运行安全，研究和制定机场滑行道系统的编码规则和总体设计方案。统筹考虑本期和远期编号的需求和现状，为机场高效和安全运行奠定良好的基础。

⑤ 助航灯光节能。滑行道边灯采用 LED 灯和反光棒。在滑行道弯道区域采用长寿命、低能耗的 LED，降低能耗，同时可减少维护；在滑行道直线段采用反光棒代替边灯，可有效地减少能耗和维护。

（3）综合配套工程

1）综合配套工程建设

综合配套工程包括：

① 全场公用配套设施工程：包括供电工程，供水、雨水、污水、污物处理工程和总图工程等。

② 机场冷热源供应中心工程：位于新建航站楼东南侧，为昆明新机场本期新建航站楼和站前广场提供冷热源，总建筑面积 3648.5m²。其中，锅炉房建筑面积 815.5m²，配电间建筑面积 898m²，制冷站建筑面积 1935m²。

③ 机场航空食品配餐工程：位于新建航站楼西南侧，总建筑面积 15186m²。其中，新配餐厂房 14655m²，锅炉房及汽车清洗维修间 496m²，门房 35m²。

④ 机场货运工程：昆明新机场货运区位于东跑道南侧，总建筑面积 35574m²。

⑤ 机场生产生活辅助工程：机场当局及部分驻场单位综合办公楼 A 区、B 区、C 区（通信生产楼、信息中心、场外指挥调度中心）、D 区（海关检验检疫）及架空层地下车库，武警用房，生活服务中心，地勤、场务办公楼，救援中心，普通车辆及特种车辆维修，普通车辆及特种车辆车库，综合仓库及车间，消防水池及水泵房，地勤公司空侧车库及仓库

(2个)，外场指挥调度中心(空侧)，航线维修用房及空侧车辆维修用房，空侧特种车辆加油站等建筑单体。

2) 综合配套工程特点

① 综合配套设施满足绿色指标各项要求。南部工作区道路网布局合理，功能层次清晰；整体绿化率≥35%；道路照明系统节能灯具使用率100%，可再生能源利用率20%～30%；中心变电站及开闭站位置合理，设置无功补偿及谐波改善装置，功率因数不低于0.92；供水站位置适宜，分区、分压、分时供水方式合理，根据用水量变化情况采用大小水泵搭配及变频装置；节水设备使用率100%；景观用水循环使用，再生水及雨水利用比例达到80%；污水纳管率达到100%，污水、废水处理率达到100%；机场垃圾处理分类不少于4类，无害化处理率100%，填埋减量≥30%，再生利用率≥50%，建筑废弃物利用≥20%。生产辅助及行政生活设施结合场区地形，依山就势进行建筑设计，其所在的南工作区总绿地率达到41%，透水地面总体满足≥40%的要求；建筑外窗可开启面积不小于外窗总面积的30%；钢材、玻璃灯可再生利用建筑材料使用率均大于5%；利用太阳能产生的热水量不低于建筑生活热水消耗量的80%；节水器材及设备使用率达到100%，节水率≥10%；建筑能耗实行分项、分区计量与控制；通过"垃圾无害化处理与资源综合化利用"的专项研究及实践，可实现无害化处理率100%。

② 能源中心建设将成为后期节约运行的新亮点。工程采用高效的离心电制冷结合水蓄冷方式为航站楼提供冷源，安装三台2000冷吨高压离心电制冷机作为冷源，两个1000m³的蓄冷罐则按照充分利用现有主机，削减高峰负荷的原则，利用夜间低谷电价时段，冷水机组耗电蓄冷，在日间高峰电价时段，冷罐释冷，降低电耗。

制热选用全自动燃气锅炉，配备先进的燃烧器和自控装置保证最佳燃烧工况，锅炉热效率高，燃料消耗较低。采用烟气余热回收技术。经计算，系统的能源转换系数大于0.2。

③ 高效节能的航食和货运工程。航食配餐中心工程采用高效的系统形式，进行系统预热回收，能源转换系数不小于0.2；采用节能装置及节能技术，能源输配系数不小于6；垃圾处理分类不小于6类，无害化处理率达到100%；含油污水进行专项处理，污水、废水处理率100%；厨房油烟过滤后排入大气；场区绿化率达到34%。货运区以自然通风和自然采光为主，可以满足站台工作人员对光线的要求；空调制冷设备不含氢氯氟烃工质；电气设备采用变频技术和设备运行状态的监控系统，建筑能耗实行分项、分区计量与控制；货物处理过程无垃圾产生，所用包装材料全部可循环使用。

3. 大宗材料集中采购和质量控制

(1) 砂石料采购和现场加工

为充分利用征地范围内横山石料资源，综合考虑场平土石方平衡、保证原材料供应等因素，指挥部做出了就地取材、现场加工横山石料的决策。此项目的顺利实施既解决了横山的场平问题，又解决了新机场工程对石料的大量需求问题，更重要的是避免了大面积其他新山体的开挖，保护了环境，节约了工程造价。同时有利于集中控制原材料质量。

初步估算，用于飞行区的沥青混凝土、级配碎石及水稳层：砂石料总需求量为420万t，预计每吨将比市场价低至少10元，共计可节约造价4200万元。用于建构筑物的水泥混凝土：此部分碎石合同价比市场价低10元，砂石料总需求量为300万t，节约造价3000万元。减少将近 800 万以上的新山体开挖，对对保持滇池流域水土，保护生态环境作出了积极贡献。

（2）混凝土集中供应

混凝土采用集中搅拌，是混凝土生产由粗放型生产向集约化大生产的转变，是建设工程质量的要求。各施工单位在现场搅拌混凝土，水、水泥、骨料等无法称量只能依靠操作人员的经验施工，容易出现质量事故。而混凝土集中生产，是由专业技术人员在独立的试验室严格按照配合比，采用微机控制方式，通过电子计量，准确地生产出符合建筑设计要求的各种强度等级的混凝土。

与各单位现场拌制混凝土相比，以混凝土集中搅拌的形式提供给施工现场有以下一些好处：①由于混凝土搅拌站是一个专业性的混凝土生产企业，配有较先进的设备，这些设备不仅产量较高，而且计量较精确，搅拌较均匀，生产出的混凝土质量较好。②生产人员一直从事混凝土的生产，在这一方面具有较丰富的经验。③混凝土企业一般有较完善的质量保证系统。混凝土企业都建立了一定的质量检验系统，包括对水泥、混合材、砂石料、外加剂等原材料的检验，以及对新拌混凝土和硬化混凝土性能的检验。④采用混凝土可以减少施工现场建筑材料的堆放。当施工现场较为狭窄时，这一作用将显示出优越性。同时，由于施工现场建筑材料减少，也减少了对周围环境的污染，有利于文明施工。

因此，昆明新机场建设过程中充分利用现场的条件，按照实际需求，委托专业企业建立混凝土集中搅拌站，集中供应航站楼、停车楼、楼前高架桥、南工作区建筑单体、飞行区建筑单体等建筑物的混凝土结构工程，保证工程进度和工程质量。

（3）钢筋集中采购和新型抗震钢的使用

为切实降低造价、节省投资、促进生产企业的技术进步，于 2006 年 6 月，确定了本地的昆钢作为昆明新机场钢材整体供应商，负责新机场建设所需钢材的供应。选择本地的昆钢作为钢材整体供应商，既符合绿色机场理念（选用本地化建材），又为本地经济和昆明新机场建设，带来了切实的经济效益和社会效益。

2008 年 7 月以前，由于受世界能源长期上涨的影响，国际国内钢材价格一直呈走高局势。为有效的规避价格上涨的风险，2007 年年底，指挥部提出了与昆钢四年包干价结算的方式，降低了 2.5 亿元。此外，通过推广Ⅳ级钢、抗震钢等新产品，提高了设计性能，节约了钢筋用量，降低了工程造价。根据原有设计，航站楼设计使用的钢筋为一级钢筋（HPB235）和Ⅱ级螺纹钢（HRB335），后经过昆钢产品介绍、召开论证会等方式，设计单位修改了设计，使用了Ⅲ级螺纹钢（HRB400）和Ⅳ级螺纹钢（HRB500）。按照有关参数，Ⅳ级螺纹钢替代Ⅲ级螺纹钢、Ⅲ级螺纹钢替代Ⅱ级螺纹钢均可节约 10%～12% 钢筋用量，节省的造价也相当可观。

4. 工程管理特点

（1）进度与计划管理

在项目前期准备阶段，指挥部就确立了以计划为龙头的项目管理思路，着眼计划统筹，严格计划控制，逐步实施全面计划管理。指挥部选择具有白云、浦东、虹桥机场总进度计划编制经验的团队组成联合进度课题组编制昆明新机场项目总进度计划。指挥部成立进度计划管理部门，组建了进度计划管理队伍，制定了相关管理制度，建立完善计划、合同、资金和造价管理例会以及昆明新机场建设项目联合协调工作机制；按照总工期"后墙不倒"的原则，科学合理倒排工期，注重沟通协调和系统平衡，编制总进度计划和年度建设任务大纲，尽可能做到科学、合理，增强可操作性，并以此为依据，按施工区域、标段，按年度、季度、月度分解细化各工程项目进度计划，对计划完成情况实时监控。计划控制坚持动态管理，对整个工程建设的全过程进行跟踪和控制，对比分析偏差，制定有力措施及时纠偏，对条件改变、不适用的计划据实调整优化，真正体现计划的纲领性指导作用。为加大进度计划管理力度，指挥部将进度执行纳入目标责任制考核以及劳动竞赛评比。到目前为止，指挥部进度计划与实际建设进展偏差控制在 10％以下，基本按计划完成各项建设任务。

（2）质量安全管理

指挥部始终坚持"百年大计，质量第一；文明施工，安全第一"的方针，把质量安全工作作为工程管理重中之重，抓好、抓实。

1）多层级监督

政府监管层：云南省住房和城乡建设厅、云南省安监局和昆明市、官渡区住房和城乡建设局和安监局抽调专业人员共同组成联合办公机制进驻昆明新机场，充分发挥"省、市、区"三级质量安全驻场监管机制，对新机场工程安全生产和工程质量进行监督管理，督促指挥部及各参建单位落实安全生产目标责任制，组织开展安全检查、安全隐患排查治理、安全质量标准化和隐患整改工作，充分发挥政府主管部门的监管与执法力度。同时云南省质检部门、民航质监单位委派专人进驻昆明新机场，加强工程质量的检查、监督与督促落实各项工作。内部控制执行层：指挥部专门设立质量安全监督部，对昆明新机场整个项目的建设过程进行质量安全监督管理，各工程管理部门充分履行质量安全管理与安全生产监督职责，不断完善"指挥部、施工管理总包部、项目监理部、质量检测机构"四级质量保障机制。

2）完善管理制度体系建设

不断完善安全隐患督办制度、安全生产奖惩制度、教育培训制度；建立完善"日巡查、周通报、月考评"的全场区质量安全管理长效机制，建立质量安全例会制（每月召开）、危险性较大的分部分项工程报告制度、安全生产和文明施工管理长效机制、安全生产风险抵押金制度、工程安全防护和文明施工措施费制度等管理制度；制定下发工程质量安全管理、施工安全监督、文明施工管理、验收管理、重特大质量安全事故应急预案等一系列质量安全管理文件；建立安全生产目标责任制，把安全生产工作任务量化到岗位、责任落实到人员，加大管理人员政绩业绩考核中安全生产的权重和考核力度。通过对制度的建设，强化各项工作的执行力。

3）加强现场管理

一是建立健全的安全生产管理网络。指挥部坚持把工程质量安全的具体要求落实在招标计划和招标文件的每个环节，对投标单位质量认证等级、质量安全措施费专款专用等进行严格规定；要求参建单位做到足够的思想认识、足够的安全技术措施、足够的资金投入以及足够的监督检查和落实；要求各施工单位建立健全自身的安全生产管理组织机构，从单位第一责任人到作业者，形成"纵向到底、横向到边、群管群策、相互监督"的施工安全生产管理网络。

二是建立全面、稳健的保险保障体系。指挥部高度重视风险管理工作，统一实施"建筑、安装工程一切险及第三者责任险"并于 2008 年 8 月 8 日正式生效，同时强制要求各参建单位购买建筑施工人员人身意外伤害保险，由施工单位分别实施。

三是严格审查专项方案，加大检查巡查力度。指挥部严格审查专项施工技术方案和各项应急预案，突出"以人为本"的原则，把确保人的安全放到首位，确保安全措施和资金投入到位，坚决杜绝为节省成本而危及人身安全的隐患残留；质量安全监督部门例行每日现场巡查并结合不定期的安全生产大检查，突出重点、点面结合，普查安全隐患，监控重大危险源，结合问题曝光和奖惩制度，确保安全措施的落实和问题隐患的及时整改。同时要求监理单位每月、施工单位每周进行一次大检查，建立安全事故（隐患）的管理台账，一一排查整改。四是积极开展质量安全管理专项活动。分阶段、分区域、分标段，围绕重大施工环境、重大施工节点、重要安全质量控制点，有针对性地提出质量安全专题活动，开展"质量安全年"、"质量安全月"、质量安全专项大检查等活动，对质量安全问题和存在的隐患及时采取有力措施认真整改。五是扎实推行全场施工安全质量标准化建设，通过安全质量管理规范化、制度化、标准化，形成施工现场整洁的环境、良好的秩序、规范的操作，逐步建立完善动态的、全过程覆盖的标准化管理体系，创造良好的现场环境，营造文明施工文化氛围，质量安全管理水平全面提高。

4）建立有效约束激励的奖惩制度。报经省政府批准同意，昆明新机场建设工程设置"质量安全专项奖"，围绕安全优质的建设目标加大奖惩激励和责任约束力度，鼓励先进、树立榜样，奖优罚劣，对参与全场区单项工程建设的勘察设计、管理总包、监理、检测监测、施工等参建单位进行考核评分并实行一票否决制，提高全场区参建单位质量安全生产责任意识，提升现场施工质量和安全管理水平。

（3）施工管理

1）严格施工队伍和施工现场管理

领导一线指挥，分标段成立由指挥部、造价、监理、设计、施工方人员组成的工作组，现场解决施工管理问题。按照"三杜绝"（即杜绝非法转包、杜绝违法分包、杜绝非法用工）、"三固定"（即按合同规定固定项目部管理人员，以劳务合同方式固定劳务用工人员，按合同要求及租赁、采购合同固定现场机械设备）原则，开展专项检查整改工作，确保新机场建设的良好秩序和合同的法律执行力。

2）管理总包模式有成效

在施工管理界面较多、协调关系复杂的工程大力推行管理总承包方式，按三大工程区分别设立一级施工管理总包，实施工程施工的总管理、总控制、总协调；按建设项目及专业分工设立机电、屋面、幕墙、信息系统、设备等专业总包，引入经验丰富的专业施工管理团队，充分发挥总包管理模式的优势和作用，全面提升现场管理水平。

3）灵活实用的材料采购供应模式

对石料委托加工、预拌混凝土合作生产以及钢材、水泥、河砂采购和炸药、爆破服务采购等材料采用甲控模式，集中生产供应或现场供货。对大宗、标准化的系统设备及材料采用邀请招标、集中采购。对影响工程质量的关键性设备、材料，严格标准要求，采用甲控乙购方式，签订三方供货合同，确保设备、材料供应的品质，严格控制成本造价。

4）工程创优夺奖

昆明新机场所有工程必须高起点、高标准，从设计、施工组织到质量安全、文档资料，全面按"鲁班奖"、科技进步奖、"詹天佑大奖"、优秀设计奖等国家重大奖项的要求，精心组织实施，奠定创优夺奖的基础条件。指挥部要求所有参建单位结合新机场建设工程，创造性组织密集施工、并行施工、精准施工、现代施工，实现施工组织创新。

5）积极组织开展施工劳动竞赛

指挥部围绕"保质量、重安全、抢进度、掀高潮"，分区域、分旱雨季组织开展施工劳动竞赛，按月度确定竞赛目标和内容，制定评比标准，综合考虑现场客观因素影响设定相应的调整系数，增强劳动竞赛评比的科学性和可操作性，按月度考核评比，设立流动红旗，奖惩并举，及时兑现，保证劳动竞赛评比的有效性，切实发挥劳动竞赛的激励和引导作用。同时，按照省委、省政府领导批示，指挥部以目标责任制及合同为依据，与参建单位签订了目标责任协议，加大奖惩力度。通过劳动竞赛活动激发参建单位的建设热忱、创造性和主动性，加快推进施工建设进程。

6）工程档案管理规范

在昆明新机场建设伊始，指挥部就按照档案工作与工程建设"三同步"的管理原则，规范性地开展档案工作。建立档案工作领导和管理机构，建立健全档案管理规章制度，配备了档案数字化管理的硬件设备，开发建立了档案管理信息系统，保证了工程施工开始，档案管理即全程跟进。2008年6月，国家档案局对昆明新机场建设国家重点工程档案建设情况进行检查，在充分肯定前期工作的基础上提出建设国家精品档案示范工程的要求。

7）工程招标管理创新

针对工期紧、工程系统性强等特点，指挥部抓住招标工作这一突破口，在严格执行国家招标管理相关规定的前提下，超前准备，系统谋划，创新思路，钻研探索，总结出一系列招标管理成功经验：一是设置拦标价或标底，合理设立有效报价上下限幅度；二是采用技术标、商务部分、报价部分三阶段评标办法；三是建立以工程量清单计价为主线的造价管理模式；四是大力推行总承包模式；五是前期细致的市场调研，对潜在投标人全面了解，合理确定对投标人资格条件的要求；六是技术选型三段递进思路，即总承包管理技术体系架构技术路线、分项目技术实施路线、各分项系统的技术细节研究；七是延伸项目后续工作，实现工程竣工与运营维护的无缝连接。为新机场建设选好队伍、选好厂家、选好品牌。

（4）建设资金管理

指挥部积极探索建设资金管理新机制，将内部控制、造价控制、银行控制、审计控制、信息管理系统控制等措施有机结合起来，建立了从资金到位一直延伸到施工单位资金使用的全过程的监督控制模式，使建设资金直接落实到施工人员工资、设备材料采购、施工机械购买等实物工程支出，确保建设资金直接快速形成实物工程量，充分发挥建设资金带动投资、拉动内需的作用。

1）内部控制

为加强财务管理，有效节约建设资金，控制建设成本，提高投资效益，指挥部制定了《工程合同款支付管理办法》、《建设单位管理费管理暂行办法》、《竣工财务决算管理实施办法》等一系列资金管理制度，对招标、合同管理、概预算、工程价款支付、结算等关键环节，均建立了严格的内部控制管理制度。在工程投资方面，全面实施概算、预算和财务决算控制；在设计环节，实施多方案的性价比选，算好经济账；在招标时，实施拦标价、标底和平衡预算控制；在合同执行中，将概算控制目标分解到每个合同段进行全过程的跟踪控制，实施施工图预算管理，严格工程变更的审核控制；在工程结算中，建立监理、造价专业机构、业务部门、内审部门和政府审计部门的多级审核审定机制，确保把工程资金的监督和管理落到实处。对于每一笔工程款的支付，均需要经过监理、工程部门、造价专业机构、合同管理部门、审计部门、财务部门审核，最后经指挥长会议集体审批后支付。对建设单位管理费实行专账专户公务卡"定点、定人、定额度"的"三定"管理，严格控制管理成本。

2）造价控制

指挥部聘请了具有国内大型机场建设造价控制经验的中介机构组成造价专业管理团队，对工程建设实施全过程造价控制。造价控制工作覆盖了每个工程项目的招标、合同签订、工程款支付、工程变更、工程洽商和工程结算等全过程。每个工程从设计、招标开始，造价专业单位控制工作就事前介入研究、事中严格把关、事后全面审核。对每个施工承包单位，指挥部都委托专业造价单位进行现场施工全过程跟踪造价控制，及时掌握情况，对施工过程发生的每一笔费用均需要经过造价单位出具专业复核意见，确保工程建设资金使用符合合同要求。

3）银行控制

指挥部按照"同行、专户、专款、表内、封闭"资金监管原则，建立了以合同为依据、银行专户专项表内封闭运作、全程运行监管模式，确保资金使用做到安全、可控、规范。首先，指挥部与各开户银行签订资金使用监管协议；其次，每个施工单位须在指挥部指定银行开户开设工程款专户，指挥部和银行按照三方资金监管协议的要求对施工单位工程款专用账户进行直接资金控制。施工单位按照监管协议每月编制《月度工程用款计划确认表》，并提供每笔支付的工资清单和材料设备采购合同发票。按照资金使用应与实物工程量相匹配原则，指挥部召集工程监理、工程管理部门根据实物工程量完成情况，对月度合同工程用款明细计划进行确认。各结算银行依据经指挥部确认的施工单位用款明细计划，对施工单位使用工程款进行控制。最后，按照三方监管协议，指挥部规定施工单位不得以各种名目向上级单位或其他关联单位大额转款，不得在所承担工程完工之前转走利润和管理费，设备租赁费按月支付不得一次性转账，不得采取大额提取现金，确保工程款专项用于工程。对没有按照资金监管协议规定和指挥部支付通知要求支付的款项以及由于监管不到位导致工程款被挪用的款项，银行均需要承担监管失职的责任以及由此造成的经济损失。

4）审计控制

指挥部为全面规范资金管理，确保资金安全，杜绝和减少工程竣工验收时资金超概算或违规使用现象，从开工建设开始就以审计工作为抓手，把审计工作前置，抓住内审和外审两条主线，加强财务监督和管理工作取得成效。委托具有国家重大工程审计经验的中介机构组成专业审计团队作为指挥部内部审计部门，负责新机场建设项目全过程的内部审计，指挥部做到把审计工作前置，所有工程管理、财务事项事先需经过审计方可办理，制定以审计为先导的管理工作制度、流程和工作方式；实施全过程动态审计，事前、事中审计部门以审计建议书方式进行审计控制，事后定期以内部审计报告的形式进行监督，全面将国家工程审计的规定和要求细化落实到工程财务管理的各环节工作中，开展了合同签订及执行情况审计、工程管理审计、财务会计管理审计、资产管理审计等工作，通过全过程动态跟踪审计，及时发现工程管理存在的问题，并针对问题不断改进和完善管理制度，确保各项工程财务工作合法合规。与此同时，省审计厅根据工程进展，全过程、分阶段进行跟踪审计。到 2010 年年底，已经顺利通过审计署昆明特派员办事处"云南省十一五期间机场建设专项审计组"对昆明新机场建设项目进行重点工程专项审计以及省审计厅组织的昆明新机场新增中央预算内扩大内需投资专项资金审计调查、昆明新机场建设项目概（预）算执行情况审计。云南机场集团有限责任公司委托专业会计师事务所对指挥部 2009 年财务报表进行专项审计，审计情况良好。通过开展内部审计和专项审计，确保建设资金使用合法、合规，为工程竣工审计奠定基础。

5）信息管理系统控制

为全面提升财务管理和工程管理的科学性和规范性，指挥部以信息化为抓手，结合昆明新机场实际，引进三峡工程项目管理系统进行二次开发。以资金管理为主线，把工程合同管理、计量支付、材料设备采购管理、概算管理、成本管理和财务管理纳入到信息管理系统中进行规范统一管理，实现工程概算、成本管理、会计核算、竣工资产移交的一体化信息数据共享，开发并建立机场建设的工程结算、财务决算和资产移交的信息自动化软件系统，实现机场建设工程管理的全面信息化规范管理系统，为工程竣工的财务决算和资产移交打下坚实的基础。该系统将资金收支的流程和工程进度管理纳入统一的信息平台，对资金账户进行实时监管，对工程进度进行实时跟踪，规范了资金使用的行为，确保了工程节点的完成，实现了财务管理信息化、透明化和规范化，有效提升了工程资金管理水平。

4 民航机场工程质量与安全生产管理

4.1 场道工程质量事故案例分析

案例 1：A 机场场道工程因施工管理不当等多种原因导致的工程质量事故案例剖析

1. 机场概况

A 机场地区位于我国西北边陲，距城市 28.5km，飞行区指标为 3C，按满足雅克－42 及以下机型起降设计。

跑道长 2400m，宽 45m，两侧道肩各 1.5m；垂直联络道长 200m，宽 18m，两侧道肩各 1.5m；站坪为 120m×90m。道面结构从上到下为：水泥混凝土道面厚 25cm，基础厚 30cm（15cm 水泥稳定碎石和 15cm 水泥稳定砂砾石），垫层为 43cm 厚天然砂砾石。

2. 建设过程

（1）A 机场于 1990 年 9 月批准立项，1991 年 1 月批准设计任务书（可行性研究报告），同年 9 月批复初步设计及概算（总概算核定为 6172 万元，其中国家投资 2000 万元，由地方政府包干建设，其余建设资金由地方政府负责筹措），调整后的总概算为 7133.11 万元。该工程于 1992 年 7 月正式动工，1994 年 9 月完工，同年 11 月通过竣工验收。1995 年 9 月 28 日机场正式通航。

（2）飞行区场道工程由某建筑安装工程公司施工，质量监督由该地区建筑工程质量监督站承担。

3. 存在的问题及处理方案

（1）问题的提出

1996 年 3 月，A 机场报告了机场跑道严重破损的情况，请求民航地区管理局有关部门检查核实并及时处理，否则将影响飞机的正常起降。同年 5 月，管理局委托当地交通科研所和建筑科研院工程技术人员对道面进行了勘察、检测和鉴定。10 月，管理局纪委监察处向总局和纪委报告了 A 机场的道面质量问题。

（2）场道工程存在的主要问题

A 机场运行不到两年，跑道出现了大面积脱落，道面破损严重，已不能保证飞机的安全起降，对飞行安全构成严重威胁。1996 年 5 月至 1997 年 4 月，地区管理局多次组织有关专家对跑道进行了调研，并委托当地交通科研所对道面进行了详细调查和测试，结果如下：

1）跑道表面状况损坏统计（表 4.1-1）

跑道表面状况损坏统计表 表 4.1-1

损坏类型	起皮、麻面、剥落	断裂、断缝	网裂	坑洞
损坏板块数	2050	1130	332	932
占总板块数比例	31.8%	17.5%	5.1%	14.4%

2）道面厚度及强度

从道面的强度上，回弹弯沉测试结果显示道面的整体强度不匀，部分道面强度没有达到设计要求。沿跑道纵向每 200m 对混凝土道面进行钻芯取样，对 12 个试件进行了劈裂试验，其中大于 5MPa 的只有 3 个，4.5～5MPa 的有 7 个，小于 4.5MPa 的有 2 个。经统计旧道面劈裂试验结果，其混凝土平均抗弯强度为 4.76MPa，场方差为 0.288MPa；取保证率系数 1.5（即 94% 的保证率），可计算出旧跑道允许抗弯强度为 4.33MPa。根据《民用航空运输机场水泥混凝土道面设计规范》，对混凝土的强度要求为≥4.5MPa，而进行劈裂试验的时间已远远超过 90d 龄期，可以认为：A 机场大部分道面的强度没有达到规范要求，且呈现出一种不均匀的状态。

3）道面抗滑性能

对于道面的抗滑性能，破损调查表显示，绝大部分道面的纹理深度达不到抗滑要求，且有的板块根本就没有纹理，所以该道面抗滑性能较差，达不到规范要求。

（3）跑道道面处理方案

根据民航文件批复，于 2003 年对 A 机场跑道道面进行了改性沥青混凝土加铺处理。

4．A 机场飞行区道面工程案例分析

A 机场飞行区道面破损后，民航总局于 1996 年在 A 机场召开了全民航修建系统现场会，此工程被认定为"豆腐渣"工程，影响很大，教训深刻。造成质量事故的主要原因如下：

（1）基本建设管理制度不完善

A 机场飞行区建设未建立施工招投标制、工程监理制、项目法人责任制等，施工企业资质不符合民航专业工程等级要求，责任主体质量保证体系不完善等，造成工程建设较为混乱，严重影响了工程质量。

（2）施工质量控制不严

施工时没有认真对原材料进行检查、试验。水泥混凝土振捣没有严格控制，面层出现独立砂浆层，使部分水泥混凝土养护成型后发现道面达不到表面验收要求，而违规操作采用水泥砂浆重新抹面处理。且根据现场情况调查，采用重抹面处理的道面远远达不到抗滑性能要求。

道面产生结构裂缝损坏主要是施工因素造成的。施工切缝不及时或切缝深度不够，温度应力作用导致裂缝损坏；网状裂缝是由于水泥表面干缩引起的，其主要原因是养护不及时以及施工质量控制不严，水泥混凝土振捣不均匀，水泥砂浆集中表面，面层过分收缩。

混凝土配比中，碎石为混合级配，未按设计要求施工。

水泥混凝土施工工艺未按设计要求进行操作，而采取了真空吸水工艺，且操作过程管理不严。

施工组织不科学，施工计划和技术措施不到位；施工中将工程转包。

（3）原材料供应控制不严

建设单位与施工单位签订的场道工程施工合同中明确为"包工包料"形式，后因施工单位机具力量不足、材料紧张以及与当地农民协调等原因，改由建设单位供应水泥和协助供应碎石、砂等原材料。运输工作主要由当地一建筑公司、当地农民、义务劳动等承担。

碎石、砂的含泥量超标，杂质多，施工单位在使用前未采取措施冲洗、过筛；且水泥产地复杂。由于冻融和混凝土骨料不良，即砂石料含泥量太大，混凝土内有泥块或杂质，而导致道面出现小面积脱落及坑洞现象。

（4）其他

开工前的准备工作不足（包括资金和备料），仓促上阵，比较被动。

施工期间资金没有及时到位，错过施工季节，形成前松后紧、赶进度的被动局面。

施工现场水电供应不正常，影响施工质量。

综上所述，A机场飞行区道面损坏既有结构性损坏也有表面功能性损坏，无论从破损原因还是破损程度来看，情况都非常严重，施工单位的施工质量是造成道面损的直接原因。其道面的损坏对机场安全运行造成了极大的威胁。为了保证机场的安全使用，贯彻民航总局"安全第一"的指导方针，飞行区道面于2003年进行了加铺整修，目前道面运行状况良好。

案例2：B机场场道工程因道面黑斑现象导致的工程质量事故案例剖析

1. 工程概况

B机场工程本期建设规模：飞行区指标为4D，建设航站楼3000m²、站坪33200m²（机位2D3C）及其他配套设施。

其中跑道长2800m，宽50m，两侧道肩宽各5m。道面采用水泥混凝土，厚度32cm，设计28d抗折强度不小于5.0MPa；道面下设置两层水泥稳定砂砾石半刚性基础和垫层，上基层厚度为15cm，设计7d浸水无侧限抗压强度不小于4.0MPa，下基层厚度为15cm，设计7d浸水无侧限抗压强度不小于3.0MPa，垫层为44cm的天然级配砂砾石。基层顶面的综合回弹模量不小于400MPa。

2. 黑斑出现成因分析及处理

（1）项目开工情况

2002年6月，B机场迁建工程立项。2003年2月，批准工程初步设计及概算，工程总概算45740万元。2003年9月17日，批复项目开工。

（2）项目施工情况

2004年8月28日，场道混凝土施工开始在跑道外试打。2004年9月5～10日在跑道试打，2004年9月16日在跑道正式开打。2004年10月29日完成主跑道混凝土面层，民航站坪混凝土面层施工。

2004年11月中旬，跑道混凝土施工养生、扩缝结束并清洗干净后，在混凝土道面上出现可见油点状褐色斑块，直径1～3cm大小不等。观察其表面现象，有开裂成细微裂纹，有白色结晶物析出，有直径为2～4mm小洞，洞内有一小空间，敲开后有松散物体。

2005年3月，民航专业工程质量监督总站在该地区的质量监督站在例行的春季复工回访中，机场迁建工程建设联合指挥部（以下简称指挥部）未报告出现黑斑情况。

2005年4月，机场迁建工程复工后，道面出现大量油状黑色斑点，指挥部向民航专业工程质量监督总站地区质量监督站报告出现大量黑斑现象（图4.1-1和图4.1-2）。在当地部分水泥混凝土公路和旧机场跑道上也曾出现黑斑（图4.1-3和图4.1-4）。

图 4.1-1 黑斑凿开后内部情况

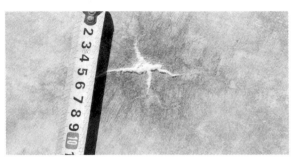

图 4.1-2 跑道上有盐析出的黑斑

图 4.1-3 部分水泥混凝土公路上的黑斑

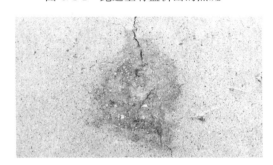

图 4.1-4 旧机场跑道上的黑斑

（3）专家论证及试验检测

2005 年 4 月 28～29 日，指挥部在委托省级试验机构对黑斑处混凝土残渣及施工原材料进行分析后，组织空军、民航、地方有关专家及工程设计、监理、施工、试验单位召开了专家评估会。专家认为，混凝土施工原材料检测项目、频率均满足设计和规范要求，混凝土面层强度符合设计要求；黑斑样品经分析试验含有大量氯离子，基本可以排除碱—集料反应，定性为：机场道面混凝土板上斑点形成原因，主要是由碎石表面沉积盐中带入的氯化物盐所引起的水泥混凝土的胀裂、粉化及剥落的反应。指挥部委托国家权威试验机构对道面黑斑和原材料进行检测，并对道面混凝土黑斑及其对混凝土耐久性能影响进行分析。分析结论为：①机场混凝土道面黑斑由盐（石盐）粘结岩石溶解生成 NaCl 进入砂浆引起的；②混凝土中的孔隙并不显著，且大孔量不是很多，混凝面混凝土耐久性问题不突出。

2005 年 6 月 22～24 日，指挥部组织各方面国家权威专家就黑斑成因和具体整改补救措施再次召开第二次专家评估会。专家一致认为：

① 黑斑形成的原因是碎石中少量粘附的盐（石盐）盐结晶溶解生成 NaCl 进入混凝土引起的；

② 需要对 NaCl 黑斑潜在的危害及耐久性进行深入的实验研究。

但专家们就黑斑问题如何进行修补形成了 4 种意见，归纳如下：

① 部分专家认为采用盖被子方法进行修补；

② 另一部分专家认为目前修补材料技术已经成熟，黑斑较少的板块采用局部修补，黑斑密集的混凝土板块打掉重铺彻底消除隐患；

③ 还有专家认为可以先修复，待出现问题后再采用盖被子的方法进行修补；

④ 其余专家认为：还需要进一步实验，方可确定修补方案。

2005 年 7 月 19～23 日，根据民航总局机场司的部署，民航质量监督总站组成调研小组会同地区质量监督站的有关人员，对机场迁建工程飞行区道面工程的黑斑情况进行了细致的调研。

调研报告认为，就目前施工及监理单位对混凝土试件所做的小梁、劈裂试验以及在现场的随机检测试验表明，混凝土的抗折、抗拉强度均能满足规范要求。从目前指挥部对黑斑部位进行的洒水观察发展(已经进行 20 多天)情况以及出现类似病害的工程设施(包括现空军老机场的 400m 延长跑道)的使用情况来看，黑斑的发展趋势不会太强，应该比较平缓。综上所述，在对黑斑问题适当做进一步研究分析后，采取合理的材料对轻微黑斑部位进行修补，黑斑现象较严重的混凝土板块打掉重新铺筑(具体标准可以由勘察设计单位研究确定)后，日常加强观察与维护，应该不会影响到跑道的正常运行，起码可以如某些权威专家所说"预计可以安全通航使用 8～10 年"。若现在进行加盖，无论从技术角度还是经济角度，都是不尽合理的整改方案。

调研结论及建议如下：①基本可以判定机场跑道道面的黑斑病害确是由碎石中少量黏附的盐(石盐)在混凝土中溶解、结晶、析出所引起的；②尽管客观上，当地岩体含氯盐的特殊情况属实，军民航(包括公路工程)技术规范中也没有对石料的含盐量做明确要求，但在石料采购与供应环节存在人为违规操作的可能性与相应的连带责任可能，从而可能加重了病害；③综合考虑专家意见以及调研获取的情况，从技术、经济角度出发，按照现行民航机场验收与质量评定标准，除跑道摩擦系数难以达到要求外，道面黑斑经过合理修复后，日常加强观测、巡查和维护，应该可以维持较长时间的安全、正常运行；④建议责成联合指挥部委托有关科研和检测机构，提出明确工作目标与要求后，对此展开深入分析、论证与研究，为日后修订、完善有关技术标准、规范等创造条件。此项工作可以与整改方案的论证与确定合并进行。

2005 年 11 月，研究测试中心出具完整黑斑相关问题分析与评价报告指出：

① 迁建机场混凝土道面黑斑由盐(石盐)粘结岩石溶解生成 NaCl 进入混凝土引起。

② 含盐颗粒在混凝土中的体积分数小于 0.032%，表层黑斑面积占道面面积分数为 0.081%，混凝土中黑斑占石子体积分数小于 0.067%。严重黑斑道面板中表层黑斑占混凝土板面积百分数混凝土体积分数为 0.99%，混凝土中黑斑的体积占石子的体积分数为 0.92%。

③ 迁建机场混凝土道面上的黑斑在干湿循环和冻融循环作用下会发生开裂和剥落。道面混凝土用碎石中含盐颗粒的盐基本不会使道面混凝土整体遭受盐结晶、碱—集料反应、冻融循环和钢筋锈蚀的破坏。

④ 建议对混凝土道面黑斑采用改性环氧树脂基修补材料进行局部修补。该材料的抗折强度>12.5MPa，抗压强度 50～70MPa，与混凝土粘结良好，具有良好的抗冻、耐磨、耐腐蚀、抗热震等性能，机场所在地区修补材料抗紫外线老化时间在 22 年以上。施工简单，修补效果良好。

⑤ 建议采用性能优良的嵌缝材料。

2005 年 11 月 30 日上午，机场工程协调领导小组召开了机场建设协调会，专题研究和解决机场迁建工程跑道出现的黑斑问题。2005 年 11 月 30 日下午至 12 月 1 日上午，召开了由各方面专家参加的专家咨询会议。（会议意见）会议结论如下：经过大量的试验数据和数次专家讨论分析，均一致确定机场迁建工程跑道道面的黑斑确系由碎石中少量黏附的石盐在混凝土中溶解、结晶、析出所致，但道面混凝土抗折强度、抗渗、抗冻等技术指标均能满足设计要求，混凝土内部少量石盐不会对道面产生结构性破坏，并最终会议决定采用处理方案。

2006 年 7 月，指挥部组织跑道黑斑进行修补，拆除了黑斑较多的板块，地区管理局派员指出无论采用何种修复方案，必须经上级主管部门批复。

2006 年 9 月 18 日，指挥部向地区管理局提交了《关于机场工程道面处理的专题汇报》，根据专题报告所反映的情况：2006 年 9 月 8 日，召开会议，专题研究"B 机场道面黑斑处理方案"，决定采用盖被子方案对跑道道面进行处理。

2006 年 9 月 29 日，民航总局机场司召集地区管理局及指挥部，召开了道面黑斑问题专题会，明确指示无论采取何种方式处理，都必须得到批准；责成该地区管理局检查道面情况是否有进一步发展的趋势；请当地政府出面协调此事。随后地区管理局派人去机场检查。

2007 年 3 月 19～20 日，组织了第四次专家评审会议，各专家除对黑斑的成因意见一致，并认为由于现行有关机场水泥混凝土道面技术规范未对碎石中氯离子含量做出要求，因此道面混凝土黑斑的产生并非人为因素所致。

工程设计研究局编制完成"B 机场迁建工程跑道盖被工程施工图概算"。

2007 年 5 月 5 日，机场跑道盖被工程正式施工，7 月底全部完工。

2007 年 9 月 9 日，对工程进行了竣工验收。

2007 年 9 月 13～14 日，有关部门组成工程行业验收委员会，对工程进行了行业验收。（行业验收意见）验收结论如下：该机场工程建设内容已基本按批准的初步设计内容完成。工程档案资料基本齐全，基本具备必需的飞行安全保障能力和航班正常及旅客服务能力，原则同意通过行业验收。

3. 经验教训及启示

B 机场道面黑斑事件历时 3 年时间，在全国著名混凝土专家多次实验论证的基础上，查清了造成黑斑的原因，在确定工程修复方案时，引起了各方面领导的重视，最终确定了让各方均可接受的工程修复的方案，此次事件的发生在事前不可预料，通过此次事件给工程建设管理工作带来了很多的经验、教训和启示，总结如下：

（1）在今后的工程建设中，应对该地区乃至更大范围内因碎石中氯离子含量较高所导致的破坏引起足够的重视。

（2）在现有的设计规范和施工规范中，未对氯盐含量做出具体的技术要求，建议在今后的工程施工中，应增加对骨料氯盐化学成分的检测。

（3）在此次事件处理过程中，专家对黑斑成因意见统一，对如何处理黑斑专家意见不一致，民航、地方、空军的意见很难统一，为了今后更好预防和解决此类事件，建议如下：

1）制定一部道面缺陷适用情况的分级评价标准，并明确不同类型航空器适用的分级，今后，在对道面进行评价时，有章可循。

2）跑道的修复方案建议在项目立项批准后方可实施，并在法规和规章中明确。

3）总结 B 机场迁建工程建设联合指挥部擅自组织工程大面积返工的教训，建议在今后的工程建设过程中，明确大面积、对结构有影响的重大设计变更造成的返工，应在设计单位出具方案、主管部门批准并报质量监督部门备案后方可实施。

4.2　空管工程质量事故案例分析

案例 1： C 机场下滑台因地基不稳导致的工程质量事故案例剖析

某新建民用机场 C 场址坐落于当地一座高山顶上，海拔高度约 1900m，机场建设需要削平若干山头以及回填众多沟壑，高填方处最深达 80m，挖、填土（石）方量共计约 2800 万 m³，土（石）方工程于 1997 年开工，2000 年 8 月竣工并经中间验收合格。该机场飞行区指标为 4D，跑道为非精密进近跑道，长 3200m，宽 45m，道肩宽 7.5m，跑道主降方向配置仪表着陆系统一套，航向台机房位于 20 号跑道西南端，距离跑道中心线 75m，航向天线阵位于跑道中心线上，距跑道端 250m，安装 NM7000 型航向仪（LOC）一套，下滑台位于 20 号跑道西北端内侧 284m，距离跑道中心线 120m，距离跑道下滑台机房在下滑天线后方 3m，下滑台安装 NM7000 型下滑仪（GP）一套，合装 FSD-40 DME 测距设备一套。主降方向设 420m 非精密进近灯光系统一套，同时设有跑道边灯，中线灯、PAPI 非精密进近指示系统。2000 年 8 月，飞行区道面工程、空管工程、助航灯光工程开始施工，并于 2000 年 12 月经过飞行校验、初步验收、试飞、总体验收等建设程序，完成机场基本建设，机场于 12 月底通航使用。

2002 年 5 月，C 机场区域连续多日降暴雨。5 月 12 日，该机场塔台管制人员接到执行航班飞行任务的甲航空公司和乙航空公司机组人员反映，02 号跑道下滑道信号不稳定，有抖动、弯曲现象。当执行航班的飞机在五边进近距离机场 5 海里左右时，自动驾驶仪便无法跟踪下滑道信号，经设备维护人员到现场检查后发现，下滑天线基础有下陷现象，下滑铁塔向远离跑道的方向倾斜，天线已偏离跑道方向。按照相关程序，机场管理部门关闭下滑台，并发布台站关闭的航行通告，提高机场飞行标准。

事故发生后，C 机场管理部门邀请相关专业专家人员召开现场事故调查会，对该事故进行分析，查找原因。调查会上调阅了机场工程建设档案资料，土（石）方工程施工图设计中下滑台所在区域为高填方区，填方高度为 45m，密实度要求为 90%；空管工程施工图设计中下滑天线基础为 C25 钢筋混凝土浇筑，基础尺寸为 2000mm×2000mm×2000mm，基础下铺设素混凝土垫层，混凝土强度等级为 C20，垫层尺寸为 2400mm×2400mm×200mm。工程竣工档案资料与设计文件相符。在挖开天线基础旁的回填土后进行测量，发现垫层下地基有积水，并且地基下陷了 10cm 左右，天线基础及垫层在向远离跑道方向倾斜，基础及垫层完好，无拉裂、断缝出现。

为了尽早恢复下滑台设备的开放，机场管理部门组织相关施工单位对下沉地基及基础进行了恢复。在对地基内的积水进行清理后，用两台液压式千斤顶将天线基础举升至水平位置，使基础面达到原设计高程，同时采用经纬仪对下滑天线进行测量跟踪，确保天线发射面与跑道中心线保持垂直。然后将基础下松散的基层回填料清除，采用混凝土灌浆进行充实，待混凝土达到养护期后，对天线基础面及反射面进行复测，基础面高程及反射面与跑道中心线的垂直度都恢复到原设计要求的标准。

机场管理部门随即向该机场所在地区空中交通管理部门提出飞行校验申请，地区空中交通管理部门将申请上报民航总局空中交通管理部门飞行校验机构。由于本次校验属于设备设施重大调整后特殊飞行校验，飞行校验机构及时调配了校验飞机并发布飞行计划，于2002 年 6 月 29 日开始该机场下滑设备执行特殊飞行校验，7 月 1 日飞行校验结束，该下滑台各项被校参数均满足要求，下滑道结构良好，无偏移跑道中心线、弯曲、抖动现象，校飞结果下滑台等级为"合格"。根据校飞报告，民航总局空中交通管理部门对该台站作出同意重新开放使用的批复，经机场管理部门发布航行通告，该下滑台于 7 月 6 日开放使用，恢复机场最低运行标准。

该下滑台因天线基础倾斜引起下滑信号不能提供正常使用导致台站关闭近 2 个月，本来该机场就地处山区，地形复杂，气象环境复杂多变，台站关闭期间适逢当地雨季来临，因机场运行标准提高，造成多个航班延误、取消，给机场当局及航空公司带来一定的经济损失。

究其原因，不难发现，该台站地处高填方区，持续多日的强降雨过程导致雨水渗入土基，而该部位回填料由砂、土构成，雨水渗入后砂被冲走，回填土变软下陷，地基产生不均匀沉降，天线基础由于重力作用跟随下沉，引起铁塔和天线倾斜。该机场土（石）方施工量大，高填方区域众多，从土（石）方工程竣工到事故发生共计不到两年时间，土（石）方工程还在沉降观测监控阶段，局部地方可能会发生不均匀沉降。在飞行区土（石）方工程施工时，填方区的施工程序应该是：清除腐殖土；原地面压实；分层填土；分层平整（精细找平）；压实。填土时应尽量采用同类土填筑；当采用不同的土填筑时，应按土类有规则地分层铺填，将透水性大的土层置于透水性较小的土层之下，不得混杂使用，否则将不利于土基的排水。按照土（石）方施工单位的竣工资料，可以看出在该填方区施工是按照正确的施工顺序和施工规范进行的，但在局部地方（下滑台）有少量的回填料不达标，造成连续多日强降雨后土基积水，引起不均匀沉降。空管工程施工单位在下滑台实施工程施工时，虽然严格按照施工图设计进行定点放线，基础开挖深度也满足设计要求，天线基础、基础垫层尺寸、混凝土强度等级等都符合设计规范，但开挖到基坑底部发现土基主要由砂土构成，应考虑到可能会被雨水冲刷，应该采取必要的防范措施，将该基坑下的砂土进行换填，以避免出现土基不均匀沉降从而影响天线基础稳定性的情况发生。

案例 2：D 机场航管二次雷达站因吊装不当导致的工程质量事故案例剖析

某民用机场 D 在扩建工程项目中新建一套航管雷达，雷达站占地 3000m²，站内共有雷达用房/值班室、生活用房、油机房/高/低压配电房、油桶间、车库共五栋建筑物，雷达塔建在雷达用房边，距机房 3m，为 11 层钢结构，安装天线的平台距地面标高 35m，站内还设有消防水池一个，雷达设备采用从法国某公司进口的全固态一/二次雷达合装系统，计划到货日期为 2004 年 5 月 26 日。该雷达站土建工程由当地某建筑施工企业承担，该施工单位于 2004 年 3 月进场施工，计划工期 4 个月，台站供电、通信、防雷、消防、设备安装等工程由某空管专业施工单位承担（以下简称 A 单位），计划工期为两个半月，其中进口设备到货 30d 内必须完成设备安装。

A 单位签订合同后，根据施工图设计文件和雷达设备资料编制了详尽的施工组织设计方案，包括施工准备计划，施工方案，施工进度计划，施工平面布置图，劳动力、机械设备、材料等供应计划，以及质量、安全、环境保护体系和质量、工期、安全目标。针对雷达塔为钢结构构筑物，上人楼梯为内旋转楼梯，并且较为狭窄，雷达天线不能通过楼梯搬运到平台的实际情况，A 单位在 5 月 30 日雷达设备到达现场，经过开箱商检后，会同扩建工程指挥部、监理单位、设计单位相关人员以及雷达厂家派驻中国的技术支持工程师，对雷达天线就位安装事宜进行专题研究，经研究决定采用大型吊车将天线底座、一/二次雷达天线逐个往上吊装的方法，并根据铁塔高度、天线底座及天线的重量测算出需要的吊车臂长，最终决定租用一台120t吊车进行吊装，并商定吊车租用费由扩建工程指挥部承担。随后，A单位编制了针对天线吊装的单项施工方案，并经建设业主和监理单位、设计单位同意，厂方工程师将单项施工方案报回法国工厂也得到厂方的认可。

6月5日，A单位依据施工方案开始对天线设备进行吊装，按照吊装天线底座—固定安装—吊装一次雷达天线—固定安装—吊装二次雷达天线—固定安装的施工顺序，当天完成了天线底座和一次雷达天线的吊装。在第二天却发生意外，由于风大，施工单位建议暂时不进行吊装，待天气好转后再实施作业，指挥部现场代表要求按已定方案继续进行吊装操作，就在天线在提升到预定高度开始往塔顶平台下放，吊车操作人员没有听清塔顶上指挥人员的口令，缆绳下放过快、过多，二次天线与平台上已安装到位的一次雷达天线发生碰撞，并从缆绳上滑落掉在平台上。

事故发生后，相关部门马上责令施工单位停工调查，根据现场查勘，一次雷达天线反射面变形，二次雷达天线外罩受损，内部器件有变形。在与外方工程师及厂家沟通后，设备厂家同意免费更换两副新天线，但不承担损坏天线和新天线的运输费用。

可以看出，由于建设单位要承担每天数万元的大型吊车租用费，因此，为了减少吊车在现场多租用一天多付台班费的风险，其现场代表在气象条件不好的情况下要求施工单位继续施工，导致本次事故发生。由于该雷达站征地范围不大，台内建筑物、构筑物较多，土建工程还未结束，吊车摆放场地受限，导致操作人员对塔顶平台的视线本来就不是很好，加上声音传播受当日大风影响，而施工单位没有根据实际情况及时调整应对措施，在塔顶的指挥人员与吊车操作人员间的通信保障上没有作出有效改进，仍然采用吹哨加手势的方法。以至于操作人员没有完全理会平台上指挥人员的意图，下放缆绳的速度过快，使两副天线发生碰撞。经过相关部门的协调解决，本次事故的责任划分一分为二，由建设单位和施工单位各承担一半的责任。

最终的事故处理结果是，由施工单位承担损坏天线运往工厂和新天线运往国内的运输费用，建设单位承担新天线到货后二次吊装租用吊车费用，双方现场当事人受到单位的处理。以此次事故中，建设单位可以向施工单位提出二次吊装租车费用的索赔，施工单位可以向建设单位提出延长工期的索赔，但因为双方责任各占一半，经过友好协商双方都放弃了向对方索赔的权利。

通过本次事故可以看到，安全生产、文明生产是施工企业提高效率和效益的前提，只有安全管理搞好了，施工企业才能在生产中减少或避免事故的发生，减少事故造成的直接和间接经济损失。在制订施工方案、施工计划的时候，应当针对施工生产中可能出现的危险因素，采取预防措施予以消除；在工程实施过程中，要经常检查、及时发现不安全因素，采取措施，明确责任，尽快地、坚决地予以消除。

4.3 航站楼弱电工程质量事故案例分析

案例1： 香港新机场航班信息显示系统因系统配置问题导致机场开航混乱的案例剖析

香港新机场是香港回归时所建造的最大型的工程项目，1990年开始筹划兴建，投资近1600亿港币。前后花了八年时间，于1998年7月6日正式投入运作，是目前全球最先进最繁忙的国际机场之一。

香港新机场的航班信息显示系统规模很大，技术复杂，投资超过 2 亿港币。该系统不仅控制候机楼内的 1952 个显示器和 150 块液晶体显示板的内容显示，还要把航班信息通过内部网络传送到机场其他信息系统（如行李系统、停机位管理系统、货运系统等），其用户几乎囊括了机场所有运营单位和旅客，有机场管理局、航空交通管制中心、旅客、行李处理营办商、停机坪服务营办商、货运营运商，以及航空公司及与机场服务有关的其他行业等。可见该系统是机场运营信息的核心，对机场运作起关键作用。

1995 年 6 月，与通用电器香港有限公司签订供应合同，并由 EDS 公司进行该系统的软件开发。

1998 年 7 月 6 日香港新机场正式启用，航显系统也正式投入运行。但是该系统在运行几小时后却陷入了瘫痪，系统重启也无济于事。

当天，到港及离港旅客均发现，在候机楼内的 1 952 个显示器和 150 块液晶体显示板上，不是没有显示航班信息，就是显示错误、过时或缺漏的信息。离港大堂旅客登记柜台前和入境大堂的大型液晶体显示板没有显示最新的资料；出入境检查柜台的 Band-3 显示器和在行李认领带上方的液晶体显示板，也没有显示准确的资料，旅客要靠手写的白板指示才知道应在哪条行李带上认领；约有 80% 登机闸口的显示器不是未能显示正确的航班信息，就是没有显示任何信息。旅客在庞大的候机大厅内如入迷宫，无所适从。

同时，香港机场的 3 个停机坪服务运营商也无法从航班信息显示系统中接收到准确、完整和可靠的航班资料。没有抵港时间和停机位等航班重要信息，服务商无法在航班离港或抵达之前，派出车辆和职员到停机位，为有关航机提供服务，例如装卸行李和货物、提供客机扶梯和巴士等。不得不致电控制中心查询，却总是十分繁忙，只好派人到停机坪四周追看降落航机在何处停泊；这样工作效率极其缓慢，造成航班大面积延误，甚至取消。

同样，机管局的停机位分配工作和民航处的航空交通管制方面的运作都遇到困难。机管局负责的停机坪管理系统，处理停机位、闸口及旅客登记和转机柜台的编配事宜。民航处需要知道机管局编配的停机位信息来执行航空交通管制工作，但停机坪控制中心的系统运行缓慢，使他们无法在停机坪管理系统和航班资料显示系统的人机界面工作站输入有关数据，只好人手编制的停机位资料甘特图表，同时又要忙于接听航空公司及机场营运商不断致电查询停机位的编配资料的电话。他们只能以这种方式传递资料，这样一来，离港航班都要延迟起飞，问题如雪球般越滚越大。

可以说，机场运作一片混乱，旅客更是无所适从。新机场开航那几天，造成经济损失巨大。

后来查明，系统运行缓慢最终导致瘫痪主要是因为软件配置方面出现失误导致的。其中有 Oracle 数据库出现了 ORA-04031 系统错误，这项错误与 Oracle 系统所配给的内存太小有关，使得数据库出现锁定现象，也使得有些程序无法取得全部所需的中央处理器资源，系统反应时间时长时短；以及 WDUM 中央处理器系统转换程序 109 的内存分配也存在问题；还有主机的 UNIX 操作系统、工作站的软件配置等许多问题。

最后，通过重新配置 UNIX 操作系统和 ORACLE 数据库参数，增大系统主机和工作站内存，以及解决运行过程中逐步暴露出来的其他一些有关软件方面的问题，才使得系统性能得到逐步改善。通过一周的修正，系统才基本恢复正常。

从香港新机场航显系统瘫痪事件中可以看出：

1. 从技术上讲，该项目的软件自身和系统集成方面都存在问题

（1）航显系统的硬件支持平台主机系统、应用工作站的原配置不足以支撑软件应用系统的运行需要，最后增加了 CPU 和内存等提高系统的处理能力，才使得系统性能有所改善。供应商忽视了系统集成规模对硬件设备的要求，冗余设计也考虑不周。

（2）系统操作平台 UNIX 系统与数据管理平台 ORACLE 数据库，以及应用软件之间参数配置不当、出现系统死锁等问题，这是系统性能低下的重要根由。系统集成测试工作存在较大漏洞。

（3）机场内各应用软件系统间集成耦合度高，相互依赖，缺乏独立性和灵活性。其一系统出现问题将会影响到其他相关系统的运作或存在数据等待等问题，继而放大问题的影响程度。这样的系统集成设计尚缺风险考虑。

（4）航显系统自身也存在一些软件缺陷，在系统开始运行时，还在不断的修改完善。应该是系统测试工作不到位。

2. 从项目管理上讲，也存在问题

（1）该项目的质量保证工作不到位。据香港立法会对有关责任人的研讯资料中说明，本来合同规定单独做 SAT 和 FAT 测试，后来基于进度紧张的原因，改为 SAT/FAT 合并测试。这样软件内部模块存在的一些问题没有得到有效的排除，为系统运行埋下了隐患。这种"欲速则不达"的教训，最值得软件开发项目管理者铭记。

（2）系统测试、内部集成测试、外部集成测试和实战演练比较简单和匆忙，忽略了如此大规模的机场运作的复杂性。可以说，开航那几天，航显系统不是在运行，而是在做测试，不过付出代价太大了。

（3）该项目的质量控制方面也有问题，据研究资料指出，在系统运行前，一些专家和咨询顾问等提出了系统存在的一些问题，但并没有得到有效的解决。专家和咨询顾问对项目参与监督和建议的机制并不是很通畅和直接。

项目的风险控制工作不到位。项目运行前，并没有对系统可能出现的错误和问题制订切实可行的应对措施或编制周密可行的应急预案。例如，事先准备好一定数量的白板、喇叭，指定专用通信路线，信息手工传递方式、启动备用人机界面、和增加人力等措施，以及指定启用应急的条件、方式、组织结构等。

案例 2：美国丹佛机场自动化行李系统因项目管理混乱导致项目实施失败的案例剖析

1989 年 9 月，准备建造成美国第一流国际机场的丹佛机场破土动工。机场占地面积 53 平方英里，机场的最初设计包括一个航站楼连接三个中央大厅、一个地下自动扶梯和五条 12000 英尺的跑道。预计投资 26.6 亿美元，计划 1993 年 10 月完工。

为了能快速高效地处理机场范围内 3 个中央大厅所有航空公司的行李问题，在机场开工建设已有 2 年多的 1992 年 3 月，机场当局委托已在 2 号大厅为联合航空公司建造行李系统的 BAE 公司把该系统扩展到其他大厅，建造一套为机场 3 个独立大厅内所有航空公司行李服务的自动化集成系统。总造价达到 1.756 亿美元。

面对项目如此大规模的改变时，没有人认为有必要为建设新的行李系统作出必要的组织性改变。再者，也没有召集航空公司代表并询问他们需要什么样的行李运营系统，只是

简单地理解为"我们建公寓，你们来租赁"。在工程实施方面，不得不对已经在建的候机楼和独立大厅做实质性的改变，要拆除一些已经完成的建筑，以便安装容纳新的行李通道。这些为安装容纳新行李系统所需的拓展空间、施加结构支撑、增加电力、通风和空调设备以及控制线路等费用支出超过 1 亿美元，还带来了其他工程进度的拖延。起初授予 BAE 的设备可以不受限制地进出等一系列支持工程进度的特权随着机场项目负责人的辞职和机场建设首席工程师的去世而逐步淡化。机场管理项目部把行李系统作为一般的公共建设项目对待，与铺设空调管道和倾倒水泥没有两样，得到的支持大多是"你们自己解决吧"。自 1993 年 10 月开始，机场开航日期两次推迟，1994 年 5 月，机场项目管理部没有通知 BAE，自行对行李系统进行测试，发现问题仍然很多，运送行李的小车相互碰撞，行李堆积在轨道或地板上，行李栏杆扭曲、激光扫描出错等，然后又一次推迟了开航。为了确保机场开航时能够正常运营行李，机场还耗资 5000 万美元请另一家公司建造一套行李备用系统。

1995 年 1 月 28 日，丹佛国际机场经 4 次拖延后终于开航启用。但此时的行李系统并不是当初设计的代表当时一流技术水平的集成的自动化行李系统，而是 3 条互不相通、功能各异的独立系统，联合航空公司在 2 号大厅使用一套简化的自动化行李系统，大陆航空公司在 1 号大厅使用传统的行李拖车系统，而在 3 号大厅的其他航空公司则采用行李带传送和人工搬运结合的老模式。

最终机场宣告项目实施失败，并因工期延误和工程预算超支而最后目标不能实现等原因把 BAE 告上了法院。

从美国丹佛国际机场的自动化行李系统项目实施失败中可以看出：

1. 项目管理经验不足

面对项目规模和复杂度成倍增长，BAE 和机场在项目施工管理、技术和进度等方面认识不足，在仅有 1 年半的时间要建成如此庞大而又先进的集成化行李系统，显然风险很大。

2. 项目管理整体部署不强

既然项目复杂、时间要求紧，那么项目的管理和实施应该加强，但项目开始实施时，项目在组织管理、进度安排、预算支出和沟通管理上都没有进行有效的部署。

3. 项目需求管理不善

机场"我们建公寓，你们来租赁"的建设理念显然是需求目标不明确，机场建设集成化的行李系统，其根本目的就是要极大限度地满足航空公司运营的需要，但看来管理者并不在意他们的需求。后来，不断地有航空公司提出修改要求 BAE 也不能有效地控制这种无休止的变更直至最后，这种"边设计边实施"的模式对项目的进度、质量和费用等影响很大。

4. 没有完善的风险控制措施

项目管理者对拖延的进度、超额的预算、重要项目关系人的突然离去、不成熟的技术以及项目的失控等情况，没有看到采取一些有效措施来规避、减少或转移风险。

5. 项目的协调控制存在严重问题

对于项目实施中一些重要的项目关系人如航空公司、机场以及在场的其他承包商，BAE 没有取得他们足够的支持，总是被要求"自己解决"，最后还闹上了法庭。可见，

BAE 在项目协调和沟通管理上存在不足。

总而言之，该项目的管理混乱。从项目的获得、计划、部署、实施、控制和结束整个过程，都显得无序和失控。

4.4 目视助航工程质量事故案例分析

案例： E 机场目视助航工程坡度灯基础问题导致角度变化事故剖析

北方某新建机场 E，跑道方向为南北方向，跑道方向南面为填方区，跑道方向北面为挖方区，土方基础工程于某年 6 月底完成，9 月底完成道面施工，10 月底完成助航灯光、通信导航设备安装调试，11 月 10 日前完成校飞工作，11 月 15 日完成工程验收，11 月 28 日正式通航使用。该机场设计两套坡度灯，距跑道南北两端均为 386m，于当年 9 月完成基础制作，10 月 15 日完成灯具设备安装及调试，标高和角度设置均满足设计要求，设计基础尺寸为 1200mm×1600mm×600mm，并要求根据当地冻土层的深度进行调整基础深度，施工单位调查当地冻土层为 1.1m，将基础深度加深到 1.2m，后根据用户的要求，在坡度灯基础周围和坡度灯发光方向增加 10m×2m、厚度为 0.1m 的整体混凝土防草坪。由于混凝土用量较少，施工单位购买了 C20 的商品混凝土作防草坪。校飞时，对坡度灯的角度进行效验，调整到坡度灯的正确角度，但调整的角度未做记录，驾驶员按照 3°下滑角进近着陆时，坡度灯为两红两白，正常。机场运行至第二年 3 月某日，有驾驶员向塔台指挥反映由南向北按正常 3°下滑角进近着陆时，坡度灯颜色编码不对，发现四个灯全为红色，多名驾驶员反映同样的现象，要求关闭由南向北进近的坡度灯。

案例分析与处理：

1. 调查情况

（1）对每个灯的外表及基础进行目视观测，没有发生明显的变化，也没有螺栓的松动；

（2）对每个坡度灯的角度进行测量，四个灯具体角度不同程度发生角度变化；

（3）对每个坡度灯的基础四角进行了高程测量，基础高程变化不是很大，但基础四个角的高差不完全一致，并且高差超过 1cm。

2. 原因分析

（1）混凝土防草坪在冻土层上，由于土层冻胀造成防草坪受力位移；

（2）混凝土防草坪面积较大，未作胀缝处理，冻胀产生的力通过混凝土防草坪传递到坡度灯基础，使坡度灯基础发生微量倾斜，当倾斜高度达到 1cm，对长度为 1.6m 的基础，将产生 21.5°左右的角度偏差，坡度灯之间的角度范围为 20°，处于临界状态的白色或者红色将改变颜色；

（3）校飞调整角度未作记录，用户没法完成每月一次的角度校验。

3. 结论

由于北方地区冻胀的作用使防草坪产生位移的力作用于坡度灯基础，使坡度灯基础发生不均匀变化而影响坡度灯发光角度变化，造成正常下滑角进近的颜色编码错误。由于坡度灯红、白颜色的变化是靠灯具仰角决定的，灯具仰角的变化必然带来颜色的变化。当仰角增大超过一定角度时，灯具颜色由白变红；反之，当仰角减小超过一定角度时，灯具颜色由红变白。要确保灯具仰角的稳定性，首先必须确保灯具基础稳定，且不受外力影响；

其次是确保灯具本身的稳固性。

4. 建议

对北方新建机场 PAPI 灯安装应注意以下问题：

（1）核实冻土层深度，保持基础底部低于冻土层深度。

（2）基础周围尽量采用含水量低的土质。

（3）当需要铺设混凝土防草坪时，无论北方还是南方，防草坪与 PAPI 灯基础之间都应留有足够的胀缝，且在防草坪中间一定宽度切缝。

（4）做好每次调整后角度记录。

本案例发生在新建机场坡度灯，因基础不稳定产生坡度灯角度发生微小变化，从而引起坡度灯正常颜色编码变化，特别是校飞后产生的变化，给正常运行带来麻烦，但未造成严重事故，希望助航灯光项目负责人在施工管理过程中，对坡度灯的基础制作和安装引起高度重视，特别是北方地区冻胀对坡度灯基础的影响更要引起重视。

5　民航机场工程法律法规与
职业道德基本要求

5.1　民航机场工程法律法规

5.1.1　《中华人民共和国民用航空法》要点解读

《中华人民共和国民用航空法》于1995年10月30日由第八届全国人民代表大会常务委员会第16次会议通过，并由国家主席公布，自1996年3月1日起施行。本法共分16章214条，其中的"第六章　民用机场"有17条（第五十三条～第六十九条）。本章主要规定了民用机场的定义、民用机场的布局和建设规划的审批程序、新建和扩建民用机场的公告程序、民用机场的安全、保卫及净空保护、要求机场使用许可证制度、设立国际机场审批程序、民用机场保证安全运行及服务工作的原则要求、民用机场的环境保护、使用民用机场及其助航设施的收费，以及机场废弃或改作他用的报批程序等项内容。以下就与建造师执业密切相关的条款作一些解释和说明。

（1）"第五十三条　本法所称民用机场，是指专供民用航空器起飞、降落、滑行、停放以及进行其他活动使用的规定区域，包括附属的建筑物、装置和设施。

本法所称民用机场不包括临时机场。

军民合用机场由国务院、中央军事委员会另行制定管理办法。"

本条是对本法所称"民用机场"定义的规定。

《国际标准和建议措施 国际民用航空公约附件十四——机场，卷Ⅰ 机场设计和运行》（第四版，2004年7月，以下简称《附件十四》）机场的定义为："在陆地上或水面上一块划定的区域（包括各种建筑物、装置和设置）其全部或部分意图供航空器着陆、起飞和地面活动之用。"本法规定的"民用机场"，符合《附件十四》的规定。

本法所适用的民用机场的范围，不包括临时机场。临时机场主要用于通用航空作业。通用航空所使用的机场分为固定机场和临时机场（含临时起降点），其中临时机场占比重较大，与运输机场和通用航空固定机场的建设标准以及管理有重大区别。不宜在本法中规定。

本条明确适用范围不包括军用机场、军民合用机场。

本条在《附件十四》"机场"定义的基础上增加了"专"和"民用"三个字，强调"专供民用航空器……使用"；同时，在第三款规定军民合用机场由国务院、中央军委另行制定管理办法。但需要指出的是，本法对机场的定义是从使用上来划分而不是从机场产权或者所属机构来区分的，所以，有关民用机场保障飞行安全的一般规定及民用机场的布局和建设规划也应适用于所有供民用航空器使用的机场。

（2）"第五十四条　民用机场的建设和使用应当统筹安排、合理布局、提高机场的使用效率。

全国民用机场的布局和建设规划，由国务院民用航空主管部门会同国务院其他有关部门制定，并按照国家规定的程序，经批准后组织实施。

省、自治区、直辖市人民政府应当根据全国民用机场的布局和建设规划，制定本行政区域内的民用机场建设规划，并按照国家规定的程序报经批准后，将其纳入本级国民经济和社会发展规划。"

本条是关于民用机场布局和建设规划的规定。

民用机场建设必须统筹安排、合理布局。民用机场是国家基本建设的重要组成部分，其建设必须首先符合国家有关基本建设政策和程序的总体要求，尤其民用机场建设具有投资大、资金回收周期长的特点，更应严格控制投资规模，使有限的资金产生更大的社会效益和经济效益。

本条明确了全国民用机场布局和建设规划的制定和批准程序。国务院民用航空主管部门对全国民用航空活动实施统一的监督管理，制定全国民用机场的布局和建设规划属于其职责范围，但考虑到民用机场的布局和建设规划是国家基本建设的重要组成部分，要与国家的国民经济和社会发展规划相适应，需要与国家计发展与改革主管部门、国家土地主管部门以及国家建设主管部门的职责相协调，还需要与各省（市、区）的城镇体系总体规划或城市总体规划相协调。

本条还明确规定了地方民用机场的建设规划的制定程序。

（3）"**第五十六条　新建、改建和扩建民用机场，应当符合依法制定的民用机场布局和建设规划，符合民用机场标准，并按照国家规定报经有关主管机关批准并实施。**

不符合依法制定的民用机场布局和建设规划的民用机场建设项目，不得批准。"

本条是对民用机场建设应符合民用机场布局和建设规划，符合相应的技术标准以及按国家规定程序报批的规定。

新建、改建和扩建民用机场，应在民用机场布局和建设规划的总体要求下进行。民用机场的布局和建设规划是依法制定的，建设民用机场必须在其所规定的范围内进行，超过这一范围的建设计划，一般不予批准，这是保障民用机场布局和建设规划得以贯彻落实的法律依据。

根据民用航空器起飞、降落、滑行、停放的技术要求，为保证民用航空器安全运行，民用机场建设需要有相应的技术标准，这些标准具有明显的行业特点。这些标准属行业标准，确保安全运行的标准、规范具有强制性，必须执行。建设民用机场必须符合国务院民用航空主管部门制定的民用机场标准。

（4）"**第五十七条　新建、扩建民用机场，应当由民用机场所在地县级以上地方人民政府发布公告。**

前款规定的公告应当在当地主要报纸上刊登，并在拟新建、扩建机场周围地区张贴。"

本条是对建设民用机场公告程序的规定。

新建、扩建民用机场应当在当地广而告之，为公众所知。这是由于：①新建、扩建民用机场需要征用集体所有的土地或使用国有土地，应采取相应的方式向社会公告民用机场的用地范围等事项，以便社会各界遵守；②从保证安全的角度考虑，民用机场建设亦应公告为公众所知。否则，国家关于机场净空保护的规定就无法得到遵守，并会在事后处理产生很大矛盾，对飞行安全会带来很多不利影响。

为使公告具有一定的效力，本条规定由县级以上人民政府发布公告。同时，为使公告的内容为大多数人，尤其是周围地区的单位和居民所知，本条规定公告应在当地主要报纸上刊登，并在拟建机场周围地区张贴。

（5）"**第五十八条　禁止在依法划定的民用机场范围内和按照国家规定的机场净空保护区域内从事下列活动：**

（一）修建可能在空中排放大量烟雾、粉尘、火焰、废气而影响飞行安全的建筑物或者设施；

（二）修建靶场、强烈爆炸物仓库等影响飞行安全的建筑物或者设施；

（三）修建不符合机场净空要求的建筑物或者设施；

（四）设置影响机场目视助航设施使用的灯光、标志或者物体；

（五）种植影响飞行安全或者影响机场助航设施使用的植物；

（六）饲养、放飞影响飞行安全的鸟类动物和其他物体；

（七）修建影响机场电磁环境的建筑物或者设施。

禁止在依法划定的民用机场范围内放养牲畜。"

本条是对在民用机场规划范围和净空保护区域内禁止从事影响飞行安全的有关活动的规定。

民用航空器的安全运行对周围环境及电磁环境要求很高，民用机场作为民用航空器起飞、降落、滑行和停放的场所，其区域内及附近地区的环境直接关系到飞行安全，早在1982年12月11日，国务院、中央军委就发布了《关于保护机场净空的规定》。本条结合这些规定，详细地规定了在民用机场范围及净空保护区域内禁止从事的活动，主要是：①禁止从事影响民用机场区域和净空保护区域内空气能见度的活动。机场附近空中有大量烟雾、粉尘、火焰、废气，将大大影响空气的能见度，使驾驶人员很难发现目视助航设施，直接危及飞行安全。②禁止可能对民用航空器产生损害的活动。民用航空器在民用机场内和在机场净空保护区的飞行高度较低，如果在这区域内修建靶场、强烈爆炸物仓库，很有可能损害飞行中或停放在机场的民用航空器。③严格禁止修建不符合机场净空要求、对民用航空器起降产生障碍的建筑物。为避免民用机场范围和机场净空保护区范围内的高大建筑物与飞行中的航空器碰撞，中国民用航空局参照《附件十四》的国际标准和建议措施，根据航空器起飞和降落的飞行程序以及进近类型，制定了民用机场区域以及机场净空保护区域的障碍物限制面，任何高于这个障碍物限制面的建筑物，都是影响飞行安全的障碍物，应当拆除。④严禁从事影响民用机场目视助航设施的活动。在国际上，机场目视助航设施的标准是统一的，机场灯光的颜色、机场标志的方向和位置等都具有特定的含义，如果设置类似或相同的灯光和标志及其他类似目视助航设备的物体，很容易使驾驶人员产生混淆，严重影响飞行安全。⑤禁止种植不符合规定的植物。超过机场净空障碍物限制面的障碍物也包括高大植物。高大植物不仅对飞行中的航空器运行有危害，同时还会影响机场灯光、标志等目视助航设施的正常使用。⑥防止鸟类及其他影响对民用航空器空中飞行的危害。民用航空器在高速飞行的过程中，受到任何物体的撞击，都很可能造成机体的重大损害，导致严重后果。因而在民用机场附近放飞鸽子等动物及其他物体，根据本条规定应属于被禁止的行为。⑦为保证机场通信设施使用正常，禁止修建影响机场电磁环境的建筑物或者设施。通信设施是联系空中与地面的桥梁，驾驶人员需要借助通信手段与地面空中交通管制单位取得联系，获取信息，并在其指挥下，借助各种导航、助航设施，完成民用航空器的起飞、降落和滑行。一旦民用机场通信设施受到干扰，驾驶人员无法得到正确的信息，其后果是不堪设想的。⑧防止机场范围内的牲畜危害。民用机场范围内的所有设施都与民用航空器的飞行安全有关，必须严格保护。在某些机场发生过有人在民用机场范围内放养牲畜的严重不安全事件，不仅会损害民用机场的通信、导航设施，而且一旦侵入跑道与运行中的民用航空器相撞，将产生严重的事故，应予依法禁止。

施工单位进行不停航施工时，必须严格遵守本条的规定，防止影响机场正常运行的任何事情发生。

(6)"第五十九条　民用机场新建、扩建的公告发布前，在依法划定的民用机场范围内和按照国家规定的机场净空保护区域内存在的可能影响飞行安全的建筑物、构筑物、树木、灯光和其他障碍物体，应当在规定的期限内清除；对由此造成的损失，应当给予补偿或者依法采取其他补救措施。"

本条是对民用机场新建、扩建的公告发布前存在的影响飞行安全的障碍物体进行清除并给予补偿或者采取相应的补救措施的规定。

如果这些禁止设置的建筑物、构筑物、树木、灯光及其他物体是在公告前业已存在，要求其清除时，要有一个期限；同时，要对由此造成的损失，给予一定的经济补偿或者采取其他方式的补救措施。具体期限和补偿的具体办法由当地政府、民用机场建设单位与补偿请求人协商解决。

(7)"第六十条　民用机场新建、扩建的公告发布后，任何单位和个人违反本法和有关行政法规的规定，在依法划定的民用机场范围内和按照国家规定划定的机场净空保护区域内修建、种植或者设置影响飞行安全的建筑物、构筑物、树木、灯光和其他障碍物体的，由机场所在地县级以上地方人民政府责令清除；由此造成的损失，由修建、种植或者设置该障碍物体的人承担。"

本条是对民用机场建设的公告发布后，在依法划定的民用机场范围内和机场净空保护区域内修建、种植、设置影响飞行安全的障碍物体的清除的规定。

公告发布后，修建、种植和设置障碍物体，是一种违法行为。新建、扩建民用机场的公告依法发布后，任何单位和个人都必须遵守，在明知这一地区将新建、扩建民用机场，而仍修建、种植或设置障碍物体，发布公告的县级以上地方人民政府有权责令其清除。由于损失是由障碍物体所有人的违法行为造成的，因而这种损失应由其自行负担；对拒不清除的，可依法采取强制措施。《关于保护机场净空的规定》中明确规定"各地区、各部门凡在机场附近规划或兴建各项工程时，必须事先与该机场所驻单位联系。凡属在机场净空区域内修建的超高建筑物，超过部分必须拆除。其损失由建筑产权单位负责。"

施工单位进行不停航施工时，必须严格遵守本条的规定，防止产生任何障碍物、超高建筑物或构筑物影响机场正常运行的事情发生。

(8)"第六十一条　在民用机场及其按照国家规定划定的净空保护区域以外，对可能影响飞行安全的高大建筑物或者设施，应当按照国家有关规定设置飞行障碍灯和标志并使其保证正常状态。"

本条规定是对民用机场范围及其按照国家规定划定的净空保护区域以外的影响飞行安全的建筑物或者设施设置飞行障碍灯和标志的规定。

民用航空器起飞、降落是在一个渐进的航道运行，必须采取有效措施，避免航空器与机场净空保护区以外附近地区的高大建筑物或者设施相撞。国务院1961年4月15日批准的《关于飞机场附近高大建筑物设置飞行障碍标志的规定》中明确规定："位于飞机场净空区域以外附近地区的高大建筑物，如已成为飞机起落航线飞行的危险障碍物的"应设置飞行障碍标志，并就飞行障碍标志的种类、颜色、安装位置、使用时间等方面都做了较为详细的规定。《附件十四》也对此作出了规定。中国民用航空（总）局也制定了相应的技术标准，如"机场附近在障碍物限制面界限以外的地区内，那些高出地面高达150m或者更高的物体应被认为是障碍物，除非经过专门的航行研究表明它们并不危及飞机的飞行安全"。这就为具体落实本条规定提供了技术根据。本条在规定有关建筑物或者设施必须设置飞行障碍灯和标志的同时，还对这些飞行障碍灯和标志保持正常使用提出了原则要求，这样，就有效地保证了民用航空器避开障碍物，有利于保证飞行安全。

施工单位进行不停航施工时，必须严格遵守本条的规定。

（9）"**第六十五条　民用机场应当按照国务院民用航空主管部门的规定，采取措施，保证机场内人员和财产的安全。**"

本条是对民用机场应当保证机场内人员和财产安全的原则规定。

保证民用航空运输的安全运行一直是民航工作的中心。民用机场的安全运行，直接关系到飞行安全，民用机场管理机构有义务采取有效措施，保证机场内人员和财产的安全。另外，民用机场的安全保卫工作主要有三个方面：①防止非法干扰民用航空活动的行为，例如：劫持或炸毁民用航空器，蓄意破坏民用航空器、通信导航及其他机场设施的行为；②为防止给飞行安全带来影响的其他事件的发生；③保护旅客、机场工作人员和施工人员的安全。

施工单位进行不停航施工时，也必须采取措施，保证机场内人员和财产的安全。

（10）"**第六十七条　民用机场管理机构应当按照环境保护法律、行政法规的规定，做好机场环境保护。**"

本条是对民用机场管理机构做好机场环境保护的规定。

保护环境与生态、防治污染和其他公害，是我国的一项重要基本国策。应当看到，民用航空器的排出物对空气、水资源有一定的污染，其超标的噪声对人的身体健康及动植物的生长也会有不同程度的损害。民用机场在建设及运营过程中产生的超标噪声及产生的废弃物也对周围环境有一定的影响。所以民用机场管理机构必须按照国家有关环境保护的法律、法规的规定，做好民用机场生态环境的保护工作。对此，国家制定的环境保护法、水污染防治法、大气污染防治法、噪声污染防治法都有专门规定，民用机场管理机构、航空公司必须加强对机场环境保护的管理。

首先，做好民用机场设计和建设过程中的环境保护工作，按照国家关于建设项目环境保护的规定，编制环境影响报告书，并经有关主管部门批准。其次，要做好运营过程中的环境保护工作。民用机场在运营过程中，对已经建成的防治污染的设施，要保证其正常运转，绝不能擅自拆除或闲置。对运营过程中因发生或者可能造成环境污染的情况，必须立即采取措施，以避免或尽量减少对环境的污染。最后，施工单位在机场施工时，亦应加强组织，文明施工，避免或尽量减少对周边环境的污染，保护好机场环境。

5.1.2　《民用机场管理条例》要点解读

2009年4月13日，国务院发布第553号令，公布《民用机场管理条例》（以下简称条例）。该条例于 2009 年 7 月 1 日开始施行。

民用机场分为运输机场和通用机场。运输机场是指为从事旅客、货物运输等公共航空运输活动的民用航空器提供起飞、降落等服务的民用机场；通用机场是指为从事工业、农业、林业、渔业和建筑业的作业飞行，以及医疗卫生、抢险救灾、气象探测、海洋监测、科学实验、教育训练、文化体育等飞行活动的民用航空器提供起飞、降落等服务的民用机场。改革开放以来，我国民用机场的数量和等级都大大提高。截至 2008 年年底，我国共有颁证运输机场 160 个（其中国际机场 32 个），为 110 多家国内外航空运输企业提供了服务，2008 年运送旅客 1.92 亿人次，运送货物 400 多万吨；共有。另外，我国颁证通用航空机场共计 71 个，在喷洒农药、气象探测、海洋监测、抢险救灾等方面发挥了重要作用。民用机场在快速发展的同时也出现了一些问题，迫切需要制定专门行政法规进行规范：一是随着我国国民经济和民航事业的发展，机场建设进入了一个快速发展的阶段，但是对于机场选址，新建、改建、扩建，周边土地利用和规划等民用机场建设程序缺乏统一的规范，需要予以明确；二是根据机场管理体制改革方案，机场管理权限已下放给地方，需要对地方人民政府和民用航空主管部门各自的管理权限和管理责任作出进一步的规定；三是民用机场是重要的公共基础设施，它的运营和管理涉及机场管理机构、航空公司以及其他驻场单位、乘客、货主等多方主体，需要对他们的权利和义务作出规范；四是针对不断出现的高层建筑和电磁干扰等影响机场净空和电磁环境的新情况，需要加大对民用机场净空和电磁环境的保护力度。为此，制定了《民用机场管理条例》。

条例内容共六章八十七条，主要规定了七个方面的管理制度：一是运输机场建设管理制度。条例对运输机场建设中的选址、总体规划、民航专业工程的设计、工程质量等专业性较强的环节设定了较为严格的管理制度，并规定由民航管理部门实施监管；二是运输机场使用许可管理制度，明确了机场使用许可证的申请条件和审批程序，并对机场关闭、更名、废弃或改作他用以及国际机场设立和开放程序做了要求；三是运输机场安全运营管理制度，条例用专章对运输机场的安全运营做了要求，从管理职责、设施、设备、生产程序以及应急救援等方面做了规定；四是通用机场管理制度，条例对通用机场仅作原则性规定，为未来扶持通用航空发展留出余地；五是民用机场净空保护制度，明确了地方政府和民航管理部门在机场净空保护中所承担的责任；六是民用机场电磁环境保护制度，条例规范了民用机场电磁环境保护区域内使用无线电频率和设置无线电台（站）的活动，明确了民用机场电磁环境保护区域内的禁止性活动；七是民用机场环境保护制度。

以下就与施工密切相关的条文做一些解读。

（1）"第三十一条 在运输机场开放使用的情况下，不得在飞行区及与飞行区临近的航站区内进行施工。确需施工的，应当取得运输机场所在地地区民用航空管理机构的批准。"

本条是关于运输机场内不停航施工的审批程序的规定。

为了保障飞机的运行安全，在运输机场开放使用的情况下，一般不得在飞行区及与飞行区临近的航站区内进行施工。特殊情况下确需施工的，经运输机场所在地地区民用航空管理机构的批准后，在机场不关闭和部分时段关闭并按航班计划接收和放行航空器的同时，在飞行区内可以实施工程施工，这种施工即是民航行业内所称不停航施工。不停航施工不包括在飞行区内进行的日常维修工作。具体而言，以下四类工程可以在不停航条件下施工：

1）飞行区土质地带大面积沉陷的处理工程，围界、飞行区排水设施的改造工程等；

2）跑道、滑行道、机坪的改扩建工程；

3）扩建或更新改造助航灯光及电缆的工程；

4）影响民用航空器活动的其他工程。

不停航施工必须注意以下几个问题：

1）必须按规定做好施工准备；

2）必须经地区民用航空管理机构批准；

3）批准后，机场管理机构、建设单位和施工单位对不停航施工实施安全控制。

详细可参看本书"5.1.5 4.（第150页）关于不停航施工管理"。

（2）"**第四十九条 禁止在民用机场净空保护区域内从事下列活动：**

（一）排放大量烟雾、粉尘、火焰、废气等影响飞行安全的物质；

（二）修建靶场、强烈爆炸物仓库等影响飞行安全的建筑物或者其他设施；

（三）设置影响民用机场目视助航设施使用或者飞行员视线的灯光、标志或者物体；

（四）种植影响飞行安全或者影响民用机场助航设施使用的植物；

（五）放飞影响飞行安全的鸟类，升放无人驾驶的自由气球、系留气球和其他升空物体；

（六）焚烧产生大量烟雾的农作物秸秆、垃圾等物质，或者燃放烟花、焰火；

（七）在民用机场围界外5m范围内，搭建建筑物、种植树木，或者从事挖掘、堆积物体等影响民用机场运营安全的活动；

（八）国务院民用航空主管部门规定的其他影响民用机场净空保护的行为。"

《中华人民共和国民用航空法》第五十八条亦有类似内容，这里更加细化。

本条是关于在民用机场净空保护区域内禁止从事影响民航飞机安全活动的规定。在总结相关规定的基础上，根据保护民用机场净空的需要，从以下几个方面规定了在民用机场净空保护区域内禁止的活动。

1）禁止从事影响民用机场净空保护区内空气能见度的活动；

2）禁止对民用航空器可能产生损害的危险活动；

3）禁止从事影响民用机场目视助航设施或影响飞行员视线的活动；

4）禁止种植不符合规定的植物；

5）防止鸟害和其他影响民用航空器飞行安全的危害；

6）禁止焚烧产生大量烟雾的农作物秸秆、垃圾等物质，或者燃放烟花、焰火；

7）禁止在临近机场围界的区域内，搭建建筑物、种植树木，或者从事挖掘、堆积物体等影响民用机场运营安全的活动，避免给无关人员和动物进入飞行区提供条件或破坏机场净空；

8）禁止其他影响民用机场净空保护的行为，以涵盖上述7个方面未包括的所有应当在民用机场净空保护区域内禁止的活动。

（3）"**第五十条 在民用机场净空保护区域外从事本条例第四十九条所列活动的，不得影响民用机场净空保护。"**

本条是关于在民用机场净空保护区域外有关活动不得影响民用机场净空保护区域的

规定。

(4)"**第五十六条　禁止在民用航空无线电台(站)电磁环境保护区域内，从事下列影响民用机场电磁环境的活动：**

（一）修建架空高压输电线、架空金属线、铁路、公路、电力排灌站；

（二）存放金属堆积物；

（三）种植高大植物；

（四）从事掘土、采砂、采石等改变地形地貌的活动；

（五）国务院民用航空主管部门规定的其他影响民用机场电磁环境的行为。"

本条是关于在民用航空无线电台(站)电磁环境保护区域内禁止从事可能影响民用航空安全的特定活动的规定。

在民用航空无线电台(站)电磁环境保护区域内存放金属堆积物，其产生的电磁辐射可能影响民用航空无线电台(站)正常使用。

不同的地形地貌和地理环境对电磁环境的影响也不相同。乱挖乱采会改变地形地貌，电磁环境可能因此而受到影响。

《民用机场管理条例》第五章还明确规定了违反本条理应承担的法律责任。

(5)"**第六十三条　违反本条例的规定，有下列情形之一的，由民用航空管理部门责令改正，处 10 万元以上 50 万元以下的罚款：**

（一）在运输机场内进行不符合运输机场总体规划的建设活动；

（二）擅自实施未经批准的运输机场专业工程的设计，或者将未经验收合格的运输机场专业工程投入使用；

（三）在运输机场开放使用的情况下，未经批准在飞行区及与飞行区临近的航站区内进行施工。"

(6)"**第七十九条　违反本条例的规定，有下列情形之一的，由民用机场所在地县级以上地方人民政府责令改正；情节严重的，处 2 万元以上 10 万元以下的罚款：**

（一）排放大量烟雾、粉尘、火焰、废气等影响飞行安全的物质；

（二）修建靶场、强烈爆炸物仓库等影响飞行安全的建筑物或者其他设施；

（三）设置影响民用机场目视助航设施使用或者飞行员视线的灯光、标志或者物体；

（四）种植影响飞行安全或者影响民用机场助航设施使用的植物；

（五）放飞影响飞行安全的鸟类、升放无人驾驶的自由气球、系留气球和其他升空物体；

（六）焚烧产生大量烟雾的农作物秸秆、垃圾等物质，或者燃放烟花、焰火；

（七）在民用机场围界外 5m 范围内，搭建建筑物、种植树木，或者从事挖掘、堆积物体等影响民用机场运营安全的活动；

（八）国务院民用航空主管部门规定的其他影响民用机场净空保护的行为。"

(7)"**第八十一条　违反本条例的规定，在民用航空无线电台(站)电磁环境保护区域内从事下列活动的，由民用机场所在地县级以上地方人民政府责令改正；情节严重的，处 2 万元以上 10 万元以下的罚款：**

（一）修建架空高压输电线、架空金属线、铁路、公路、电力排灌站；

（二）存放金属堆积物；

（三）从事掘土、采砂、采石等改变地形地貌的活动；

（四）国务院民用航空主管部门规定的其他影响民用机场电磁环境保护的行为。"

依照《行政处罚法》的相关规定，上述几条中所说"责令改正"不属于行政处罚，而是行政机关在实施行政处罚时必须采取的行政措施。根据行政法的一般原理，对于行政管理相对人实施的违法行为，行政机关应当追究其相应的法律责任，给予行政处罚，但不能简单地一罚了事，而应当要求当事人改正其违法行为，不允许其违法状态继续存在下去。责令当事人改正其违法行为，包括由行政执法机关要求违法行为人立即停止违法行为，并立即或者限期采取改正措施，消除其违法行为造成的危害后果，恢复合法状态（有时需补办相应手续）。另外，在要求违法单位改正的同时，民用航空管理部门（或地方人民政府）还应当对其处以罚款，具体罚款数额根据情节确定。

5.1.3　《民用机场建设管理规定》要点解读

为加强民用机场工程建设监督管理，规范建设程序，保证工程质量和机场运行安全，维护建设市场秩序，根据《中华人民共和国民用航空法》、《国务院对确需保留的行政审批项目设定行政许可的决定》等法律、法规，制定了《民用机场建设管理规定》（中国民用航空总局令第129号）。在2004年10月12日经中国民用航空总局局务会议批准，自2004年12月1日起施行。《民用机场建设管理规定》的后面有附录一（工程施工图设计项目表）和附录二（工程竣工项目一览表）以及关于《民用机场建设管理规定》的说明。

1. 总则

本规定适用于新建、改建和扩建民用机场（包括军民合用机场民用部分）的规划与建设。民用机场分为运输机场和通用机场。

中国民用航空总局（以下简称民航总局）负责全国民用机场规划与建设的监督管理，民航地区管理局负责所辖地区民用机场规划与建设的监督管理。

运输机场的规划与建设应当符合全国民用航空运输机场布局和建设规划，执行国家和行业有关建设法规和技术标准，履行基本建设管理程序。运输机场工程建设程序一般包括：新建机场选址、项目建议书、可行性研究、总体规划、初步设计、施工图设计、建设实施、验收及竣工财务决算等阶段。

运输机场工程按照机场飞行区指标及投资规模划分为A类和B类。

A类工程是指机场飞行区指标为4E（含）以上、且批准的可行性研究报告总投资5000万元（含）以上的工程。

B类工程是指机场飞行区指标为4E（含）以上、且批准的可行性研究报告总投资5000万元以下的工程，以及机场飞行区指标为4D（含）以下的工程。

运输机场工程划分为民航专业工程和非民航专业工程。本规定所称民航专业工程包括：飞行区场道工程（含土方、基础、道面、排水、桥梁）及巡场路、围界工程；机场目视助航工程；机场通信、导航、航管、气象工程；航站楼工艺流程、民航专业弱电系统、机务维修设施、货运系统等项目的专业和非标设备；航空卸油站、储油库、输油管线、机坪加油管线系统等供油工艺和设备。

除上述的民航专业工程外的其他工程为非民航专业工程。

2. 运输机场选址

运输机场选址报告应当由具有相应资质的单位编制。选址报告应当符合民航总局《民用机场选址报告编制内容及深度要求》。

运输机场场址应当符合下列基本条件：机场净空、空域及气象条件能够满足机场安全运行要求，与邻近机场无矛盾或能够协调解决，与城市距离适中，机场运行和发展与城市规划发展相协调；场地能够满足机场近期建设和远期发展的需要，工程地质、水文地质条件良好，地形、地貌较简单，满足机场工程的建设要求和安全运行要求；具备建设机场导航、供油、供电、供水、供气、通信、道路、排水等设施、系统的条件；满足文物保护及环境保护等要求；占用良田耕地少，拆迁量和工程量相对较小，工程投资经济合理。

运输机场选址报告应当按照运输机场的基本条件提出两个或三个预选场址，并从中推荐一个场址。

运输机场选址应当履行以下程序：拟选场址由省、自治区、直辖市人民政府主管部门向所在地民航地区管理局提出申请，并同时提交选址报告一式12份；民航地区管理局对选址报告的内容及深度进行审核，并在20日内向民航总局上报审核意见及选址报告一式8份；民航总局对选址报告进行审查，必要时对预选场址组织现场踏勘及专家评审，并根据现场踏勘情况和评审意见提出对选址报告的修改要求；民航总局在收到符合要求的选址报告和民航地区管理局的初审意见后，20日内向申请人出具场址审查意见。

3. 运输机场总体规划

运输机场总体规划应当由具有相应资质的单位编制。未在我国境内注册的境外设计咨询机构不得独立承担运输机场总体规划，可与符合资质条件的境内单位组成联合体承担运输机场总体规划。

运输机场总体规划应当符合《民用机场总体规划编制内容及深度要求》，并应提出两三个综合比较方案。

新建运输机场总体规划应当依据批准的可行性研究报告或核准的项目申请报告编制。改建或扩建运输机场应当在总体规划批准后方可进行项目前期工作。

运输机场总体规划应当遵循"统一规划、分期建设，功能分区为主、行政区划为辅"的原则。规划设施应当布局合理，各设施系统容量平衡，满足航空业务量发展需求。

运输机场总体规划目标年近期为10年、远期为30年。

运输机场总体规划应当符合下列基本要求：飞行区设施和净空条件应符合安全运行要求；航站区位置适中，具备分期建设的条件；空域规划可行，飞行程序设计合理，目视助航、通信、导航、航管、雷达和气象设施配置适当；航空器维修、货运、供油等辅助生产设施及消防、救援、安全保卫设施布局合理，直接为航空器运行、客货服务的设施靠近飞行区或站坪；供电、供水、供气、通信、道路、排水等公用设施与城市公用设施相衔接，各系统规模及路由能够满足机场发展要求；机场与城市间的交通连接顺畅、便捷；机场内供旅客、货运、航空器维修、供油等不同使用要求的道路设置合理，避免相互干扰；编制机场航空器噪声影响相容性规划，包括针对该民用机场起降航空器机型组合、跑道使用方式、起降架次、飞行程序等提出控制机场航空器噪声影响的比较方案和噪声影响暴露图；对机场周边受机场噪声影响的建筑物提出处置方案，并对机场周边土地利用提出建议；结合场地条件进行规划、布局，结合地形进行竖向设计；公用设施管线统筹考虑，建筑群相对集中；在满足机场运行和发展需要的前提下，节约用地，尽可能少占耕地，减少拆迁。

机场管理机构（或项目法人）在组织编制运输机场总体规划时，应当与地方政府、驻场单位充分协商，征求意见。

各驻场单位应当积极配合，及时反映本单位的意见和要求，并提供有关资料。

运输机场总体规划应当履行以下程序：近期规划机场飞行区指标为 4E(含)以上、4D(含)以下的运输机场总体规划由机场管理机构(或项目法人)分别向民航总局、所在地民航地区管理局提出审批申请，同时向审批机关提交机场总体规划一式 10 份，向地方政府提交机场总体规划一式 5 份；审批机关会同地方政府组织对机场总体规划进行审查，并提出审查意见；机场管理机构(或项目法人)组织编制单位根据审查意见对机场总体规划进行修改和完善，按审查确定的最优方案重新编制机场总体规划，并向审批机关提交机场总体规划一式 15 份；审批机关在收到符合要求的机场总体规划后 20 日内完成审批工作，并在审定的机场总体规划上加盖印章；机场管理机构(或项目法人)应当自机场总体规划批准后10 日内分别向民航总局、所在地民航地区管理局和地方政府提交审定的机场总体规划及其电子版本(光盘)一式 2 份。

民航地区管理局负责对所辖地区运输机场总体规划的监督管理。

机场管理机构应当依据批准的机场总体规划组织编制机场近期建设详细规划，并报送所在地民航地区管理局备案。

凡在运输机场总体规划范围内实施的建设项目均应符合批准的机场总体规划。

机场管理机构应当依据批准的机场总体规划对建设项目实施管理，并为各驻场单位提供平等服务。

运输机场内的建设项目，包括建设位置、高度等内容的建设方案应当经所在地民航地区管理局审核同意后方可实施。具体报审程序如下：属于驻场单位的建设项目，驻场单位应当将建设方案报送民航地区管理局和机场管理机构。机场管理机构依据批准的机场总体规划及详细规划进行审核，并在 10 日内提出审核意见报送所在地民航地区管理局。属于机场管理机构的建设项目，机场管理机构应当将建设方案报送所在地民航地区管理局。民航地区管理局在 15 日内完成审核工作，并批复审核意见。属于民航地区管理局的建设项目，其建设方案应当征求机场管理机构的意见。如双方未达成一致，则上报民航总局核定。民航总局在 15 日内予以核定。

机场管理机构应当对机场总体规划的实施情况进行经常性复核，根据机场的实际发展状况，适时组织修编机场总体规划。

修编机场总体规划应当履行本规定的程序，经批准后方可实施。

4. 运输机场工程初步设计

运输机场工程初步设计应当由具有相应资质的单位编制。

运输机场工程初步设计应当符合以下基本要求：建设方案符合经审批机关批准的机场总体规划；项目内容、规模及标准等符合经审批机关批准的可行性研究报告或经核准的项目申请报告；符合国家和行业现行的有关技术标准及规范；符合《民用机场工程初步设计文件编制内容及深度要求》。

运输机场通信、导航、雷达、气象等工程应当按有关规定报批相应台(站)址后方可进行初步设计。

中央政府直接投资或资本金注入方式投资的运输机场工程，其初步设计概算不得超出批准的可行性研究报告总投资。

如实际情况确实需要部分超出的，必须说明超出原因并落实超出部分的资金来源；当超出幅度在10％以上时，应当按有关规定重新报批可行性研究报告。

中央政府直接投资或资本金注入方式投资的运输机场工程初步设计应当履行以下程序：A类工程、B类工程的初步设计分别由项目法人向民航总局、所在地民航地区管理局提出审批申请，并同时提交初步设计文件一式2～10份（视工程技术复杂程度由审批机关确定）和相应的电子版本（光盘）一式2份；审批机关组织对初步设计文件进行审查，并提出审查意见。根据工程项目的技术复杂程度，需要委托中介机构进行技术评审的，项目法人应当与该评审单位依法签订技术服务合同，并按国家有关规定支付评审费用。评审单位在完成评审工作后应当提出评审报告。按照审查或评审意见，必要时项目法人应组织设计单位对初步设计进行修改、补充和完善，并向审批机关提交初步设计补充材料和相应的电子版本（光盘）一式2份。审批机关在收到符合要求的初步设计文件后，20日内完成审批工作。

对于非中央政府直接投资或资本金方式注入方式投资的工程，如含有民航专业工程项目内容，其初步设计亦应当履行本规定的程序，审批机关对民航专业工程初步设计出具行业意见。

运输机场工程的初步设计原则上一次报审，对于新建机场工程的初步设计可视情况分两次报审。

项目法人报批运输机场工程初步设计时应当包括以下材料：审批申请文件；初步设计文件，包括初步设计文件、资料清单，设计说明书（设计总说明书和各专业设计说明书），设计图纸，主要工程量表，主要设备及材料表，工程概算书，初步设计汇总概算与批准可行性研究报告投资对照表及其说明，有关附件等；有关批准文件，包括项目建议书，可行性研究报告，环境评价，以及通信、导航、雷达、气象台（站）址等的批准文件；相应的工程勘察、地震评估、环境评价以及工程试验等报告书。

运输机场工程初步设计一经批准，应严格遵照执行，不得擅自修改、变更。如确有必要对已批准的初步设计进行设计方案、主要工艺流程或者主要设备，以及建设规模等进行重大调整的，应当报原审批机关批准后方可实施。

5. 运输机场工程施工图设计

运输机场工程施工图设计应当由具有相应资质的单位编制。

运输机场工程施工图设计应当符合以下基本要求：符合经审批机关批准的初步设计；符合国家和行业现行的有关技术标准及规范；符合《民用机场工程施工图设计文件编制内容及深度要求》。

下列民航专业工程必须履行施工图设计审批制度：含土方、基础、道面、排水、桥梁等飞行区场道工程；航管楼、塔台、雷达塔的土建部分，以及机场通信、导航、航管、气象工程中层数为2层及以上的其他建（构）筑物的土建部分；储油库、供油管线工程。

具体报批程序为：A类工程、B类工程的施工图设计分别由项目法人向民航总局、所在地民航地区管理局提出审批申请。审批机关在7日内委托具有相应资质的施工图设计审查单位进行审查。项目法人与审查单位依法签订技术服务合同，向审查单位提交一套施工图设计文件及有关材料（包括施工图设计图纸及其说明书、初步设计批准文件、工程勘察成果报告和工程试验报告、结构计算书及计算机软件名称等），并按国家有关规定支付审查费用。审查单位应当在收到施工图设计文件后 20 日内完成审查工作。对于技术复杂或审查工作量大的项目，审查时间可适当延长，但最长不得超过 30 日。审查合格的，审查人员和审查单位必须在已审查同意的所有施工图设计图纸上签字并盖章，填写审查批准书中"审查单位意见"栏并盖章。审查单位向审批机关提交审查报告、已填写的审查批准书和已签字盖章的施工图设计图纸。审查不合格的，审查单位将施工图设计文件退回项目法人，由项目法人组织原设计单位对施工图设计进行修改，并重新提交审查单位进行审查。审批机关在收到审查报告后 10 日内批复审查批准书。

非民航专业工程施工图设计的报批程序执行国家有关规定。

运输机场工程的施工图设计原则上集中报审，一个单项工程的施工图设计必须一次报审。

项目法人向审批机关报批运输机场施工图设计时应当包括以下材料：审批申请文件；如附录一所示的施工图设计项目表，其中"项目名称"栏应与初步设计的批准文件一致；相应的初步设计批准文件。

运输机场工程施工图设计的审查内容主要包括：建筑物和构筑物的稳定性、安全性审查。包括地基基础和主体结构体系是否安全、可靠；是否满足飞行安全与正常运行的要求；是否符合国家和行业现行的有关强制性标准、规范；是否符合批准的初步设计文件要求；是否达到规定的施工图设计深度要求；是否损害公众利益。

审查人员必须具备下列条件：具有相应专业的高级技术职称；对于土建工程，应具有 10 年以上结构设计工作经历，独立完成过 5 项二级以上（含二级）项目工程设计的一级注册结构工程师、高级工程师，年满 35 周岁，最高不超过 65 周岁；有独立工作能力，并有一定语言文字表达能力；有良好的职业道德。

项目法人、设计单位及审查单位应当就审查单位提出的审查意见进行充分协商。设计单位应当按照协商一致的意见对原施工图设计进行修改，并将修改后的施工图设计提交审查单位复审。项目法人或者设计单位对审查单位作出的审查报告如有重大分歧时，可由项目法人或者设计单位向审批机关提出复审申请，审批机关组织专家论证并作出复审意见。

审查报告应当包括以下内容：审查工作概况；审查依据和采用的标准及规范；审查意见；与项目法人、设计单位协商的情况；有关问题及建议；审查结论意见。施工图设计一经审查批准，任何单位和个人不得擅自修改、变更。如确有必要进行修改的，项目法人必须重新报原审批机关审批同意后方可实施。凡应履行报批程序而未报批、或未经审批机关批准的施工图设计文件不得交付施工，有关部门不得发放施工许可证。

补充说明：2007 年经国务院批准取消了对民航专业工程施工图审批的行政许可，民航专业工程项目的建设单位或项目法人可按照国家相关规定，自行确定施工图设计审查工作。

6. 运输机场建设实施

运输机场工程的建设实施应当执行国家规定的招标投标、市场准入、监理、质量监督等制度。运输机场工程的招标活动按照国家有关法律、法规执行。承担运输机场工程建设的施工单位应具备相应的资质等级。运输机场工程的监理单位应具有相应的资质等级。民航专业工程质量监督机构负责民航专业工程项目的质量监督工作。属于民航专业工程的，项目法人应在工程开工前向民航专业工程质量监督机构申报质量监督手续。

对于机场不停航施工项目，项目法人应当向所在地民航地区管理局申报不停航施工实施方案，并在获得批准后方可开工。

7. 运输机场工程验收

运输机场工程竣工后，建设单位应当组织设计、施工、监理等有关单位进行竣工验收。

运输机场工程竣工验收应当具备下列条件：完成建设工程设计和合同约定的各项内容；有完整的技术档案和施工管理资料；有工程使用的主要建筑材料、建筑构配件和设备的进场试验报告；有勘察、设计、施工、监理等单位分别签署的质量合格文件；有施工单位签署的工程保修书。对于规定要求需进行飞行校验的通信、导航、雷达、助航等设施设备，项目法人必须按有关规定办理飞行校验手续，并取得飞行校验结果报告。对于规定要求需进行试飞的新建运输机场工程或飞行程序有重大变更的改建、扩建运输机场工程，在竣工验收和飞行校验合格后，项目法人必须按有关规定办理试飞手续，并取得试飞总结报告。

对于含有民航专业工程的运输机场工程，在竣工验收、飞行校验和试飞合格后，必须履行以下行业验收程序：A类工程、B类工程的行业验收分别由项目法人向民航总局、所在地民航地区管理局提出申请。民航总局或民航地区管理局在收到项目法人的申请后 20 日内组织完成行业验收工作，并出具行业验收意见。

项目法人在申请运输机场工程行业验收时，应当报送以下材料：竣工验收报告，内容包括：工程项目建设过程及竣工验收工作概况；工程项目内容、规模、技术方案和措施、完成的主要工程量和安装设备等；资金到位及投资完成情况；竣工验收整改意见及整改工作完成情况；竣工验收结论；如附录二所示的竣工验收项目一览表。飞行校验结果报告；试飞总结报告；设计、施工、监理、质监等单位的工作报告；环保、消防、劳动卫生等主管部门的验收合格意见或者准许使用意见；有关项目的联合试运转情况；有关批准文件。

行业验收的内容包括：工程质量是否符合国家和行业现行的有关标准及规范；工程主要设备的安装、调试及联合试运转情况；工程是否满足机场运行安全和生产使用需要；工程投产使用各项准备工作是否符合有关规定；工程档案收集、整理和归档情况。

项目法人应当按国家、民航及地方政府有关规定及时移交运输机场工程档案资料。

对于未经行业验收合格的民航专业工程，不得开放使用。

5.1.4 《民航专业工程质量监督管理规定》要点解读

2007 年 2 月 14 日，经中国民用航空总局批准，以总局第 178 号令发布了《民航专业工程质量监督管理规定》，同年 3 月 15 日起施行。

1. 工程质量监督工作的发展过程

（1）计划经济体制下的质量检查

1）单一的施工单位内部质量检查制度（20 世纪 50 年代）

① 政府按条块拨付资金→施工企业→企业质量管理部门自检自控；

② 尽管政府关注重点是工程进度和质量，但全国无统一的建筑工程质量检验评定标准，实际上无法对质量实行严格监控。

2）第二方建设单位质量验收检查制度（20 世纪 60 年代以后）

① 施工单位负责自查自控；

② 建设单位以隐蔽工程为主负责质量监督。

从而形成了建设单位与施工企业相互制约、联手控制的局面；同时，国家组织编制了相应建筑工程方面的质量检验评定标准，使施工企业自控与建设单位监督在检验项目、检测工具、检验方法和评定标准上做到四统一，全国各地的质量结果具有可比性。

（2）改革开放以来工程质量监督制度的发展

1）全国工程质量监督情况

20 世纪 80 年代以后，我国进入改革开放的新时期，工程建设活动出现了以下新特点：

① 投资主体出现多元化；

② 建设任务实行招标承包制；

③ 施工单位摆脱行政附属地位，向相对独立的商品生产企业转变；

④ 工程建设参与各企业追求自身利益的趋势日益突出。

同时，工程建设也出现了一些问题：

① 建设项目规模和数量迅速扩大，建设市场总体技术素质下降；

② 政府监管力量不足，管理脱节；

③ 建设单位缺乏强有力的管理制度；

④ 工程质量隐患严重，事故频发。

因此，单一的施工单位内部质量检查制度与建设单位质量验收制度，无法严格保证基本建设工程质量控制的需要。这说明，我国工程质量监督管理体制存在严重缺陷，急待改变。

1984 年 9 月，国务院颁发《关于改革建筑业和基本建设管理体制若干问题的暂行规定》，决定在我国实行工程质量监督制度，"按城市建立权威的工程质量监督机构，根据有关法规和技术标准，对本地区的工程质量进行监督检查"。

随后，政府建设主管部门下发一系列文件，规定了工程质量监督机构的工作范围、监督程序、监督性质、监督费用和机构人员编制。各省、市、地、县质量监督和铁路、水利、港口、民航、电力等专业工程质量监督机构陆续建立并开展工作。

目前，全国所有省、直辖市、自治区及地级市和 95% 以上的县都建立了工程质量监督机构，铁路、水利、交通、民航等专业部门也成立了从中央到地方的专业质量监督网络。全国共有质量监督机构 4000 多个。

我国现行的政府对工程质量监督制度逐步建立起来。

2）民航专业工程质量监督情况

① 三个发展阶段

1996 年，以西南地区管理局机场处为基础成立成都双流机场飞行区扩建工程质量监督组；2000 年 3 月，根据民航总局人发 [2000] 57 号文批复成立民航建设工程质量监督总站和民航西南地区建设工程质量监督站；2004 年 3 月，根据民航总局人发 [2004] 49 号文批复成立民航专业工程质量监督总站。

② 两个"管理规定"

民航总局于 2000 年以文件形式下发了《民航建设工程质量监督管理规定》（民航机发 [2000] 108 号）。民航总局于 2007 年 2 月规章形式下发了《民航专业工程质量监督管理规定》(民航总局令第178号),同时上述文件(108号文)废止。

③《民航专业工程质量监督管理规定》出台的背景

A. 民航建设工程质量监督工作的深入开展及民航管理体制的进一步转变,对民航建设项目的管理方式发生了较大变化;

B. 2001年以来,民航总局和建设部针对民航建设项目的招投标管理和质量监督工作的职责进行了明确的划分;

C. 民航总局成立了民航专业工程质量监督总站;急需规章对其授权,进一步支持并规范其管理行为;

D. 近年来,国家对行政执法的要求进一步严格,以民航总局文件的形式来规范监督项目各质量责任主体的行为已不适应形势要求;

E. 为加强对工程质量的监督管理工作,适应民航管理体制改革需要,加强对项目的有效管理,规范执法行为,对原"管理规定"文件进行修改并提升为民航行业规章十分必要。

2. 介绍民航专业工程质量监督管理规定

以下列出《民航专业工程质量监督管理规定》原文,并作必要补充和说明。补充和说明的文字以黑体标示。

第一章 总 则

(本章中主要介绍了本规章的法律法规依据,规定了适用范围,明确了民航专业工程的划分、民航行政主管部门及质量责任主体各单位,明确了实施主体和监督对象。)

第一条 为加强对民航专业工程建设质量的监督管理,规范质量监督行为,保证民航专业工程质量,维护公众利益,根据《中华人民共和国建筑法》、《中华人民共和国民用航空法》、《建设工程质量管理条例》,制定本规定。

第二条 本规定适用于新建、改扩建民用机场(含军民合用机场民用部分)及其他建设项目中民航专业工程的质量监督管理。

第三条 本规定所称民航专业工程包括:

(一)飞行区场道工程(含土方、基础、道面、排水、桥梁)及巡场路、围界工程等;(含飞行区消防工程、机坪消防工程)

(二)机场目视助航工程;(含机坪供电与照明)

(三)民航通信、导航、航管、气象工程等;

(四)航站楼工艺流程、民航专业弱电系统、机务维修设施、货运系统等项目的专业和非标准设备;(民航专业弱电系统包括:航班动态显示、旅客离港系统、闭路电视监控系统、广播系统、地面信息管理系统、值机引导系统、行李处理系统、机位引导系统、登机门显示系统、时钟系统、旅客问讯系统、安检系统等。)

(五)航空卸油站、储油库、输油管线、机坪加油管线系统等供油工艺和设备。(包括设备安装)

第四条 国家实行民航专业工程质量监督管理制度。

(说明:国务院建设行政主管部门对全国的建设工程质量实施统一监督管理。国务院铁路、交通、水利等有关主管部门按照国务院规定的职责分工,负责对全国的有关专业建设工程质量的监督管理。县级以上地方人民政府建设行政主管部门对本行政区域内的建设工程质量实施监督管理。县级以上地方人民政府交通、水利等有关部门在各自的职责范围内，负责对本行政区域内的专业建设工程质量的监督管理。）

第五条 中国民用航空总局（以下简称民航总局）负责全国民航专业工程质量的统一监督管理。

中国民用航空地区管理局（以下简称为民航地区管理局）负责辖区内民航专业工程质量的监督管理。

民航总局和民航地区管理局统称为民航行政主管部门。

第六条 民航专业工程质量监督机构（以下简称质量监督机构）具体实施民航专业工程的质量监督工作，并接受民航行政主管部门监督管理。

第七条 建设单位、勘察单位、设计单位、施工单位、工程监理单位（以下统称为质量责任主体）应当严格执行国家有关工程质量管理法律法规和强制性标准，保证民航专业工程质量，并接受质量监督机构的监督检查。

第八条 任何单位和个人有权对民航专业工程的质量缺陷、质量事故和质量责任主体及其人员的违法行为向民航行政主管部门投诉和举报。

第二章 质量监督机构

（本章重点明确了民航专业工程质量监督机构的职责，并对其人员、设施设备的配备，以及民航总局对质量监督机构的管理等提出相应的管理要求。）

第九条 质量监督机构的主要职责：

（一）贯彻国家和民航总局有关民航专业工程质量管理的政策、法规、规定；

（二）负责对民航专业工程质量的法律、法规和强制性标准执行情况的监督检查；

（三）组织实施对民航专业工程的质量监督，参加工程的阶段验收和竣工验收；

（四）检查质量责任主体资质等级的符合性；

（五）依据本规定编制质量监督机构的管理制度、工作程序及质量监督工作实施细则；

（六）接受委托参与民航专业工程重大质量事故的调查处理；

（七）组织质量监督人员的培训及考核评定工作。

第十条 质量监督机构应配备不少于职工总数70％的专职工程质量监督人员，其中专业技术人员专业结构合理。

质量监督人员须经过法律法规和专业技术知识的专业培训合格后，方可执行监督工作。

第十一条 质量监督机构应配备必要的检测仪器、仪表等设施设备。

第十二条 质量监督机构应接受民航行政主管部门的定期考核，未经考核合格不得从事质量监督工作。

第十三条 质量监督机构必须坚持科学公正，秉公执法的原则，并对其质量监督人员的监督行为负责。

与被监督对象有利害关系的质量监督人员，应当回避。

第十四条 质量监督人员必须遵守国家有关规定，秉公办事，清正廉洁，不得收受贿赂或不正当交易。

第十五条 任何单位和个人有权对质量监督机构及其人员的违法行为向民航行政主管

部门投诉和举报。

第三章 民航专业工程质量监督管理内容

（本章主要规定了民航专业工程质量监督管理内容，明确提出了民航专业工程按照国家有关规定实行质量责任终身制，民航专业工程建设项目的质量责任主体依法对建设工程质量负相应责任；重点明确了质量监督机构对各工程质量责任主体进行监督检查的内容；同时，对民航专业工程发生质量事故时的报告程序也作了规定。）

第十六条 民航专业工程按照国家有关规定实行质量责任终身负责制。

第十七条 民航专业工程建设项目的质量责任主体对建设工程质量负相应责任。

民航专业工程实行总承包的，按照总承包合同，总承包单位对所承包的工程质量负责。总承包单位依法将建筑工程分包给其他单位的，分包单位应当按照分包合同的约定，对其分包工程的质量向总承包单位负责；总承包单位与分包单位对分包工程的质量承担连带责任。

第十八条 质量监督机构对各质量责任主体的下列情况进行监督：

（一）各质量责任主体执行有关法律、法规及工程技术 标准的情况；

（二）质量责任主体质量管理体系的建立和实施情况。

（说明：民航专业工程建设项目的质量责任主体必须具备相应的专业资质。各质量责任主体的专业资质须符合下列规定：

（1）勘察和设计单位：《建设工程勘察和设计企业资质管理规定》（建设部第 93 号令）

（2）建筑业企业：《建筑业企业资质管理规定》（建设部 159 号令，2007 年 9 月 1 日起施行）

（3）工程监理企业：《工程监理企业资质管理规定》（建设部第 102 号令）

（4）工程质量检测企业：《建设工程质量检测管理办法》（建设部第 141 号令））

第十九条 质量监督机构应对建设单位的下列事项进行检查：

（一）基本建设程序的履行情况以及国家招标投标法律法规的执行情况；

（二）组织图纸会审、设计交底、设计变更工作情况；

（三）组织民航专业工程质量验收情况；

（四）原设计有重大修改、变动的、施工图设计文件重新报审情况；

（五）组织工程竣工验收的情况。

第二十条 质量监督机构应对勘察设计单位的下列事项进行检查：

（一）参加重要部位工程质量验收和工程竣工验收情况；

（二）签发设计修改变更、技术洽商通知情况；

（三）参加有关工程质量问题的处理情况；

（四）所承揽的任务与本单位资质及人员执业资格的符合性情况；

（五）勘察、设计单位出具的工程质量检查报告。

第二十一条 质量监督机构应对施工单位的下列事项进行检查：

（一）施工单位资质及人员配备情况；

（二）分包单位资质与对分包单位的管理情况；

（三）施工组织设计或施工方案审批及执行情况；

（四）施工现场施工操作技术规程执行国家有关规范、标准情况；

（五）工程技术标准及经审查批准的施工图设计文件的实施情况；

（六）分项、分部工程及隐蔽工程的检验、验收情况；

（七）质量问题的整改和质量事故的处理情况；

（八）技术资料的收集、整理情况；

（九）施工单位出具的工程竣工报告，包括结构安全、室内环境质量和使用功能抽样检测资料等合格证明文件，以及施工过程中发现的质量问题整改报告等。

第二十二条　质量监督机构应对工程监理单位的下列事项进行检查：

（一）监理单位资质和人员配备情况；

（二）监理规划、监理实施细则（关键部位和工序的确定及措施）编制的核定内容及执行情况；

（三）对材料、构配件、设备投入使用或安装前进行审查情况；

（四）对分包单位的资质进行核查情况；

（五）见证取样和平行检测制度的实施情况；

（六）对重点部位、关键工序实施旁站监理情况；

（七）质量问题通知单签发及质量问题整改结果的复查情况；

（八）分项、分部工程及隐蔽工程的检验、验收情况；

（九）监理资料收集整理情况；

（十）监理单位出具的工程质量评估报告。

第二十三条　质量监督机构应对工程质量检测单位的下列事项进行检查：

（一）工程质量检测单位资质和人员配备情况；

（二）检测业务基本管理制度情况；

（三）检测内容和方法的规范性程度；

（四）检测报告形成程序、数据及结论的符合性程度。

第二十四条　质量监督人员进行现场监督检查时，各质量责任主体要予以支持和配合，并如实回答质量监督人员的工作询问，不得拖延、推诿或拒绝、阻碍。质量责任主体对所提供的有关资料负有解释、说明的义务，并对其真实性和有效性负责。

第二十五条　民航专业工程发生质量事故，建设单位应当在 24h 内向事故发生地民航地区管理局和质量监督机构报告；发生重大、特大质量事故，按照国务院有关规定，建设单位应立即向民航总局和事故发生地民航地区管理局报告，并在 24h 内向民航总局和事故发生地民航地区管理局书面报告，同时抄送质量监督机构。

（说明：关于质量事故报告制度，《建设工程质量管理条例》（国务院令 279 号）第五十二条规定：建设工程发生质量事故，有关单位应当在 24h 内向当地建设行政主管部门和其他有关部门报告。对重大质量事故，事故发生地的建设行政主管部门和其他有关部门应当按照事故类别和等级向当地人民政府和上级建设行政主管部门和其他有关部门报告。特别重大质量事故的调查程序按照国务院《生产安全事故报告和调查处理条例》（国务院令 493 号）办理。）

第四章　质量监督基本程序及要求

（本章的内容参考了建设部《工程质量监督工作导则》，结合了民航专业工程建设技术上点多面广、专业差异大的特点，对工程质量监督工作的基本程序及要求作出了具体规定。）

第二十六条 建设单位应当在民航专业工程动工前办理质量监督手续。

（说明：国务院《建设工程质量管理条例》（第 279 号令）中第十三条规定：建设单位在领取施工许可证或者开工报告前，应当按照国家有关规定办理工程质量监督手续。）

第二十七条 建设单位向质量监督机构提出质量监督申请时，应提交下列文件资料：

（一）质量监督申请书表；

（二）工程项目的初步设计与概算的批准（核准）文件、施工图审查批准文件等；

（三）建设单位的基本情况。主要包括组织机构设置、项目法人授权书、工程质量与安全管理的具体措施等；

（四）施工和工程监理合同书（或协议书）的有效复印件；

（五）其他必要的资料。

第二十八条 质量监督机构收到建设单位的质量监督申请后，应在 7 个工作日内作出答复。

第二十九条 建设单位取得质量监督机构的答复意见后，应尽快向质量监督机构提交施工组织设计、监理规划（监理实施细则）等文件。

第三十条 质量监督机构应在收到上述文件后 15 个工作日内向建设单位出具《民航专业工程质量监督方案书》，明确监督重点、内容与方式等。

第三十一条 项目建设过程中，建设单位应按照《民航专业工程质量监督方案书》的要求，及时将工程重点部位和关键工序的阶段性验收结论报质量监督机构备案。

（说明：阶段性验收一般指隐蔽工程、重要系统或独立区域项目的验收。）

第三十二条 满足竣工验收条件的工程，建设单位至少应提前 5 个工作日通知质量监督机构派员参加竣工验收。竣工验收合格后，质量监督机构应及时向建设单位提交该工程的质量监督报告。

（说明：工程竣工验收监督是指监督机构通过对建设单位组织的工程竣工验收程序进行监督；对经过勘察、设计、监理、施工各方责任主体签字认可的质量文件进行查验；对工程实体质量进行现场抽查、以监督责任主体和有关机构履行质量责任、执行工程建设强制性标准情况的活动。竣工验收是由建设单位组织勘察设计、施工、监理单位参加的"四方验收"。建设工程竣工验收应当具备下列条件：（1）完成建设工程设计和合同约定的各项内容；（2）有完整的技术档案和施工管理资料；（3）有工程使用的主要建筑材料、建筑构配件和设备的进场试验报告；（4）有勘察、设计、施工、工程监理等单位分别签署的质量合格文件；（5）有施工单位签署的工程保修书。）

建设单位申请行业验收时，必须出具质量监督机构提交的质量监督报告。

第三十三条 质量监督机构在履行监督管理职责时，有权采取下列措施：

（一）查阅各质量责任主体工程质量相关文件资料和质量行为记录；

（二）根据工程中存在的质量问题，召集各方召开专题质量会议；

（三）随机对工程进行监督检查、监督检测。监督过程中，如产生质量问题异议时，可以要求相关单位委托其他无利害关系的工程质量检测机构进行进一步检测与试验；

（四）进入施工现场、施工后台（搅拌站、材料/设备堆放储存场地、制作加工场地等）

以及质量控制室、检验试验室等，并进行监督检查、监督检测；

（五）对不符合质量标准或违反基本建设程序的，限期整改；发现有严重质量问题时，责令停工，并对相关设备和材料进行封存(备查)。工程质量问题所涉及的质量责任主体应按照质量监督机构的要求做出书面答复，并落实整改。

第三十四条　任何单位和个人对质量监督机构的质量监督行为和监督结论有异议的，可向民航行政主管部门申请复核。

第五章　法律责任

（本章法律责任的设定分别依据《建设工程质量管理条例》、国家的相关规定，以及民航总局依法行政的处罚权限而作出相关规定。）

第三十五条　违反本规定第十四条，质量监督人员在质量监督工作中玩忽职守、滥用职权、徇私舞弊，由民航行政主管部门依法给予行政处分；构成犯罪的，依法追究刑事责任。

第三十六条　任何单位违反本规定第二十四条，规避质量监督，对质量监督人员的正当监督行为进行拖延、推诿、拒绝阻碍或提供虚假材料的，由民航行政主管部门责令其改正，并对该单位处以 1 万元以上 3 万元以下的罚款。

第三十七条　违反本规定第二十五条，发生重大、特大工程质量事故隐瞒不报、谎报或者拖延报告期限的，对直接负责的主管人员和其他责任人员依法给予行政处分。

第三十八条　违反本规定第二十六条，建设单位未办理民航专业工程质量监督手续的，由质量监督机构责令其限期补办手续，并由民航行政主管部门处以 20 万元以上 50 万元以下的罚款。

第三十九条　质量监督机构不按照本规定履行质量监督职责，由民航总局责令其改正，情节严重的，给予警告。

第六章　附　则

（本章明确了民航建设工程项目中除本规定所指的民航专业工程以外的非民航专业工程的质量监督工作开展的依据，以及本规定开始施行的时间等。）

第四十条　民航建设工程项目中除本规定所指民航专业工程以外的非民航专业工程的质量监督工作，按照民航总局和建设部联合下发的《关于民航建设工程招投标管理和质量监督工作职责分工的通知》（民航机发［2001］229 号）和《关于民航建设工程招投标管理和质量监督工作职责分工的补充通知》（总局厅发［2003］41 号）的规定执行。

第四十一条　本规定自 2007 年 3 月 15 日起施行。

原民航总局《关于印发〈民航建设工程质量监督管理规定〉的通知》（民航机发［2000］108 号)同时废止。

其他说明：

（1）基本建设程序，参见《建设工程质量管理条例》（国务院令 279 号）第五条及《民用机场建设管理规定》（民航总局令 129 号）第四条。

（2）《民航专业工程质量监督工作实施细则》正在编制中。

（3）质量监督收费标准，依据《关于工程质量监督机构监督范围和取费标准的通知》

(计施(1986)307号)、《关于工程质量监督机构监督范围和取费标准的补充通知》(计施(1986)1695号)和《关于部门与地方工程质量监督机构监督范围和责任问题的通知》(计建设(1997)1546号)等文件执行。

5.1.5 《民用机场运行安全管理规定》要点解读

随着我国民航事业的高速发展,机场运行日益繁忙,运行安全管理和设备、设施的维护管理难度越来越大。为确保机场的设备设施始终处于适用状态,强化机场运行安全的管理,贯彻民航"安全第一、预防为主、综合治理"的方针,明确机场运行有关主体各自的职责,在总结以往机场运行安全管理经验的基础上,民航总局依据《中华人民共和国民用航空法》,制定下发了《民用机场运行安全管理规定》(中国民用航空总局令 第191号,以下简称《规定》),自2008年2月1日起施行。《规定》共十四章三百一十七条,分别就制定规定的目的、适用范围、管理责任、机场运行管理、及设施设备的维护及不停航施工管理等做出明确规定。

现就《规定》的相关情况作一些说明:

1.《规定》制定的必要性

近年来,我国民航经过多年探索并充分借鉴国外民航发达国家的先进经验,已经基本形成了政府对机场的安全管理机制,逐步建立健全了民用机场使用许可、机场适用性检查、机场不停航施工审批、机场安全信息报告等行之有效的监管制度。但是,随着民航管理体制改革的完成和机场规模的不断扩大,原有的一些制度和规定已不能完全适应当前的安全管理工作需要,在飞行区管理、机坪运行管理、机场净空和电磁环境保护、鸟害及动物侵入和防范、航空油料供应安全管理等方面还缺少相应的规章加以规范。因此,制定统一的符合我国机场特点的机场运行安全管理规定,对于规范和协调机场运行各相关主体单位的工作职责和工作程序,明确机场及各相关主体单位相应的安全责任、权利和义务,协同保证机场运行安全是非常必要的。

2.《规定》制定的总体思路

(1)适应当前民航管理体制改革后对机场运行安全管理的总体要求,加强对机场运行安全的监督管理,保证机场安全、正常运行,维护公共安全与利益。

(2)明确民航行政主管部门、机场管理机构及其他驻场(主体)单位在机场运行中的安全责任。

(3)将原《民用机场使用许可规定》(民航总局令第81号,已废止)、《民用机场不停航施工管理规定》(民航总局令第97号,已废止)、及相关规范性文件的内容加以修改、完善和细化,纳入《规定》。

(4)航空保安、机场应急救援,场内道路交通管理、危险品管理、通信导航设施管理等,因已有相关法规规章加以规范,未列入《规定》。

3.《规定》的结构及主要内容

第一章为总则。明确了制定《规定》的依据和《规定》的适用范围,划清了民航行政主管部门、机场管理机构、航空运输企业及其他驻场单位的职责和义务。并要求机场管理机构应当组织成立机场安全管理委员会,同时明确了机场安全管理委员会的主要职责、组成及应承担的主要工作。

第二章为机场安全管理。重点强调了机场安全管理体系的建立、机场运行安全评估、机场运行安全日常管理、人员资质及安全教育培训等方面。

第三章为民用机场使用手册。重点明确了机场使用手册的编制、发放、使用和修改等内容。因《民用机场使用许可规定》（民航总局令第156号）已就手册的审批程序作了详细规定，因此《规定》对于手册的审批程序不再作具体描述，只是提出手册的审批程序按照《民用机场使用许可规定》执行的原则要求。

第四章为飞行区管理。重点对飞行区设施设备维护、飞行区巡视检查内容、检查程序及规则、跑道摩擦系数测试等提出了相应的要求。

第五章为目视助航设施管理。明确了目视助航设施的运行要求、助航灯光系统的维护等方面。

第六章为机坪运行管理。本章从机坪检查及机位管理、航空器机坪运行管理、机坪车辆及设施设备管理、机坪作业人员管理、机坪环境卫生管理、机坪消防管理等方面提出了相应的要求。

第七章为机场净空和电磁环境保护。重点对障碍物的限制、障碍物日常管理、电磁环境的管理等方面提出要求。

第八章为鸟害及动物侵入防范。重点从机场管理机构鸟害及野生动物防治工作职责、生态环境调研和环境治理、巡视驱鸟要求及驱鸟设备管理、鸟情信息的收集分析与利用、鸟情报告制度等方面做出了明确规定。

第九章为除冰雪管理。重点规定了在有降雪或者道面结冰情况的机场，机场管理机构在除冰雪方面应做的工作。

第十章为不停航施工管理。本章重点明确机场进行不停航施工时，民航行政主管部门、机场管理机构、建设单位和施工企业等相关各方应做的工作及管理要求。

第十一章为航空油料供应安全管理。航空油料供应是机场运行安全的组成部分，目前，民航还没有规章对航空油料供应安全提出明确要求。因此，《规定》将这部分一并纳入，并对航空油料供应单位日常运行、突发事件应急处置等方面提出了相应要求。

第十二章为机场运行安全信息管理。本章从机场运行安全信息报告基本要求、机场运行安全信息报告制度等方面提出要求，特别是对机场与驻场单位应当建立信息共享机制，建立统一的机场运行信息平台等明确了要求。

第十三章为法律责任。本章主要从行为主体违反《规定》的相关要求，及其应当承担的法律责任方面做出规定。

第十四章为附则。明确了施行日期及废止的规定。

4. 关于不停航施工管理

《规定》中涉及建造师执业的主要内容是"第十章 不停航施工管理"，对此以下作较为详尽的说明。本章明确了什么是不停航施工，以及不停航施工过程的管理要求。

"不停航施工是指在机场不关闭或者部分时段关闭并按照航班计划接收和放行航空器的情况下，在飞行区内实施工程施工。不停航施工不包括在飞行区内进行的日常维护工作。

机场不停航施工工程主要包括：

（一）飞行区土质地带大面积沉陷的处理工程，围界、飞行区排水设施的改造工程等；

（二）跑道、滑行道、机坪的改扩建工程；

（三）扩建或更新改造助航灯光及电缆的工程；

（四）影响民用航空器活动的其他工程。"

这就是说，当机场不关闭或者部分时段关闭并按照航班计划接收和放行航空器的情况下，在飞行区内的施工属于不停航施工；但根据上述（四），若其他工程（如通信导航设备或管制设备的扩建或更新改造等工程）影响到民用航空器活动，亦应属于不停航施工。

《规定》还明确"**未经民航总局或者民航地区管理局批准，不得在机场内进行不停航施工。机场管理机构负责机场不停航施工期间的运行安全，并负责批准工程开工。实施不停航施工，应当服从机场管理机构的统一协调和管理。**"

机场管理机构应当会同建设单位、施工单位、空中交通管理部门及其他相关单位和部门共同编制施工组织管理方案。施工单位应承担相应的责任。

参加不停航施工的招投标时，施工单位投标的标书必须写明关于不停航施工的安全措施。施工前，施工单位人员应当接受相关的安全培训。

在施工期间，施工单位应当：①持有不停航施工组织管理方案的副本，遵守施工组织管理方案，确保所有施工人员熟悉施工组织管理方案中的相关规定和程序；②至少配备两名接受过机场安全培训的施工安全检查员负责现场监督，并采用设置旗帜、路障、临时围栏或配备护卫人员等方式，将施工人员和车辆的活动限制在施工区域内。

在施工期间，施工单位应当特别注意：

（1）在跑道有飞行活动期间，禁止在跑道端之外300m以内、跑道中心线两侧75m以内的区域进行任何施工作业。

（2）在跑道端之外300m以内、跑道中心线两侧75m以内的区域进行的任何施工作业，在航空器起飞、着陆前半小时，施工单位应当完成清理施工现场的工作，包括填平、夯实沟坑，将施工人员、机具、车辆全部撤离施工区域。

（3）在跑道端300m以外区域进行施工的，施工机具、车辆的高度以及起重机悬臂作业高度不得穿透机场障碍物限制面。在跑道两侧升降带内进行施工的，施工机具、车辆、堆放物高度以及起重机悬臂作业高度不得穿透内过渡面和复飞面。施工机具、车辆的高度不得超过2m，并尽可能缩小施工区域。

（4）在滑行道、机坪道面边以外进行施工的，当有航空器通过时，滑行道中线或机位滑行道中线至物体的最小安全距离范围内，不得存在影响航空器滑行安全的设备、人员或其他堆放物，并不得存在可能吸入发动机的松散物和其他可能危及航空器安全的物体。

（5）在机坪区域进行施工的，对不适宜航空器活动的区域，必须设置不适用地区标志物和不适用地区灯光标志。

此外，在施工期间，还应做到：

施工区域与航空器活动区应当设置明确而清晰的围栏（或其他醒目隔离设施），并应当能够承受航空器发动机尾流吹袭。围栏上应当设旗帜标志，夜晚应当予以照明。

邻近跑道端安全区和升降带平整区的开挖明沟和施工材料堆放处，必须用红色或橘黄色小旗标志，以示警告。在低能见度天气和夜间，还应当加设红色恒定灯光。

未经机场消防管理部门批准，不得使用明火，不得使用电、气进行焊接和切割作业。

在导航台附近进行施工时，应当事先评估施工活动对导航台的影响。施工期间，应当保护好导航设施临界区、敏感区的场地。航空器运行时，任何车辆、人员不得进入该临界区、敏感区。不得使用可能对导航设施或航空器通信产生干扰的电气设备。

易飘浮的物体、堆放的材料应当加以遮盖，防止被风或航空器尾流吹散。

在航班间隙或航班结束后进行施工，在提供航空器使用之前必须对该施工区域进行全面清洁。施工车辆和人员的进出路线穿越航空器开放使用区域，应当对穿越区域进行不间断检查。发现道面污染时，应当及时清洁。

因施工使原有排水系统不能正常运行的，应当采取临时排水措施，防止因排水不畅造成飞行区被淹没。

施工单位应当与机场运行现场指挥机构建立可靠的通信联系。施工期间应当派施工安全检查员现场值守和检查，并负责守听。安全检查员必须经过无线电通信培训，熟悉通信程序。

《规定》还明确了对进入飞行区从事施工作业的人员和车辆的要求：

进入飞行区从事施工作业的人员，应当经过培训并申办通行证（包括车辆通行证）。人员和车辆进出飞行区出入口时，均应接受检查。飞行区施工临时设置的大门应当符合安全保卫的有关规定。

施工人员和车辆应当严格按照施工组织管理方案中规定的时间和路线进出施工区域。因临时进出施工区域，驾驶员没有经过培训的车辆，应当由持有场内车驾驶证的机场管理机构人员全程引领。

进入飞行区的施工车辆顶部应当设置黄色旋转灯标，并应当处于开启状态。

施工车辆、机具的停放区域和堆料场的设置不得阻挡机场管制塔台对跑道、滑行道和机坪的观察视线，也不得遮挡任何使用中的助航灯光、标记牌，并不得超过净空限制面。

航站区、停车楼等区域的施工（含装饰装修）虽一般不属于不停航施工工程，但机场管理机构应当会同建设单位、施工单位、公安消防部门及其他相关单位和部门共同编制施工组织管理方案。施工管理方案应当参照不停航施工管理的要求对影响运行安全的情况采取必要的措施，并尽可能降低对机场运行的影响。

为落实好民用机场不停航施工管理相关规定，保障飞行安全，保证施工正常有序进行和施工人员安全，机场管理机构应定期召开不停航施工安全协调会，针对保障飞行安全和正常施工进行讨论，成立协调办公室，实行施工单位每次施工前向空管站调报告的程序，以及施工单位安全员责任制，并应编制《机场不停航施工实施细则》。对此，施工单位应予以积极配合，贯彻落实。

5.2 建造师职业道德基本要求

1. 注册建造师职业道德行为准则的界定

建造师是以专业技术为依托、以工程项目管理为主业的执业注册人员，是懂管理、懂技术、懂经济、懂法规，综合素质较高的复合型人员。建造师注册受聘后，则可以建造师的名义担任建设工程项目施工的项目经理、从事其他施工活动的管理、从事法律、行政法规或国务院建设行政主管部门规定的其他业务。

建造师职业是职责、权力和利益的统一体。建造师职业的职责是必须承担一定的社会任务，为社会做出应有的贡献；建造师职业的职业权力是从事建造师工作的人拥有的特定权力；建造师职业的职业利益是建造师从工程管理工作中取得工资、奖金、荣誉等利益。

建造师的职业道德是与其职业活动紧密联系的、符合行业特点所要求的道德准则、规范的总和。建造师职业道德不仅是建造师在职业活动中的行为标准和要求，更体现了注册建造师的社会责任与职业追求，是建设行业对社会所承担的道德责任和义务。

2. 注册建造师职业道德行为规范的基本要求

（1）责任

责任是建造师的对制定或未能制定的决策、采取或未能采取的行动及由此产生的后果所承担的职责。

建造师应基于社会、公共安全和环境的最佳利益来制定决策并采取行动，只应接受符合自己背景、经验、技能和资格的任务。在考虑发展或延伸任务时，建造师应确保关于自己资质的及时而完整的信息可由重要的利害关系者获悉，以便让他们可以对自己与特定任务的适合度做出基于可靠信息的决策。在合同安排的情况下，建造师只对组织有资格来执行的工作进行投标，只分配有资格的人士来执行工作。

在建造师工作出现错误或遗漏时，应承担责任并尽快做出纠正。当发现错误或遗漏是由他人导致时，建造师在发现后将尽快向适当的机构沟通情况。建造师对由自己的错误或遗漏产生的任何事宜及导致的后果承担责任。

建造师要了解并遵守建造师管理工作、职业的政策、规定、规章和法律，向相关的管理机构报告不道德或非法的行为。具体而言，建造师不参与任何非法行为，而且，不使用或滥用他人的产权，包括知识产权；不参与诽谤和侮辱。作为专业的实践者和代表，建造师不宽恕、不帮助他人参与非法行为，报告任何非法或不道德行为。

建造师应完全忠诚和正直地履行义务，特别是在保密、不损害雇主利益、公平、公正、守法、拒绝贿赂。

（2）尊重

尊重是建造师来对自己、他人和委托给建造师的资源表现高度的重视。这里的资源可能包括人、资金、名誉、他人安全和自然或环境资源。

建造师应了解他人的标准和习俗，并避免参与他们可能会认为失礼的行为；倾听他人的观点，寻求理解他们；直接接近与自己有着冲突或不同意见的人们；以专业的方式行事，即使得不到回报。

建造师应以良好的信念谈判，不使用自己专业权力或地位来影响他人的决定或行为，以牺牲他们的代价使个人受益；尊重他人的产权。

（3）公平

公平是无偏见和客观地做出决策，建造师的行为必须远离利益冲突、偏见和偏好。

建造师应不断地重新检查自己的公平和客观，适当时采取纠正措施。对建造师工作的研究表明利益冲突是建造师专业面临的最有挑战性的一点。作为建造师必须主动寻找可能的冲突，积极谋求避免利益冲突，并坚持公平解决，以实现"多赢"。

公平还就是要求建造师对授权获得信息的人提供同等的访问权，对合格的候选人提供平等的机会。

（4）诚实

建造师的责任就是了解实情，并在沟通和行为中以诚实的方式行事。

建造师应认真寻求了解实情，在沟通和行为中保持诚实，及时提供准确信息。这确保建造师的决策所基于的信息或提供给他人的信息是准确、可靠和及时的。

诚实包括有勇气分享坏消息，同时当结果是消极时，建造师应避免隐藏信息或将过失转移给其他人。当结果是积极时，应避免因他人的成就而居功。应努力建立这样的环境，让他人感到说出实情是安全的。

诚实要求建造师不参与、不宽恕设计用来欺骗他人的行为，包括但不限于，做出误导或错误的说明、说明部分实情、提供脱离前后关系的信息，或保留会使自己的说明形成误导或不完整的信息；不参与意图获得个人利益，或牺牲他人代价的不诚实行为。

3. 不良行为

根据《注册建造师管理规定》、《建设工程质量管理条例》、《建设工程安全生产管理条例》等法律条例，以下所列不良行为违反相关法律、法规、部门规章，将会被实施行政处罚。

（1）注册

1）隐瞒有关情况或者提供虚假材料申请注册；

2）以欺骗、贿赂等不正当手段取得注册证书；

3）涂改、倒卖、出租、出借或以其他形式非法转让资格证书、注册证书和执业印章；

4）未办理变更注册而继续执业。

（2）执业

1）泄露在执业中知悉的国家秘密和他人的商业、技术等秘密；

2）未取得注册证书和执业印章，担任大中型建设工程项目施工单位项目负责人，或者以建造师的名义从事相关活动；

3）同时担任两个及两个以上工程项目负责人；

4）超出执业范围和聘用单位业务范围内从事执业活动；

5）索贿、受贿或者谋取合同约定费用外的其他利益；

6）实施商业贿赂；

7）签署有虚假记载等不合格的文件；

8）允许他人以自己的名义从事执业活动；

9）同时在两个或者两个以上单位受聘或者执业；

10）未按照要求向注册机关提供准确、完整的注册建造师信用档案信息。

（3）其他

1）因过错造成质量事故；

2）未履行安全生产管理职责；

3）违章指挥、强令职工冒险作业，因而发生重大伤亡事故或者造成其他严重后果；

4）在注册、执业和继续教育活动中，发生其他违反法律、法规和工程建设强制性标准的行为。

为促进招标投标信用体系建设，健全招标投标失信惩戒机制，规范招标投标当事人行为，民航局目前已经建立了招标投标违法行为记录公告制度，对招标投标活动当事人的招标投标违法行为记录进行公告。公告网络平台为中国民用航空安全信息网。

4. 事故及案例

项目负责人不遵守职业道德，在工程建设中会造成极为严重的事故。

（1）案例一

随着机场繁忙程度的增加，某大型机场进行扩建滑行道改造工程项目：在已有滑行道区域新建一条满足 E 类飞机滑行的滑行道，现有灯光变电站在新建的滑行道的位置上，本工程除正常的道面和助航灯光工程外，还需要先新建灯光变电站，拆除现有灯光变电站后才能完成道面施工。

在新建灯光变电站土建工程已完成，设备安装调试完成，并已转场试运行后，在进行道面施工期间，由于采取不停航施工措施，加之机场运行很繁忙，夜间作业时间较短，造成工期特别紧张。按规定，现有机场改扩建工程中的施工作业范围内，特别是道面基础施工之前，要进行地下管线的全面排查。项目经理为了赶时间，只对灯光电缆线路进行勘探和改线保护处理后，便要求施工人员采用大型挖土机进行大面积土基施工，以加快施工进度，结果在离老滑行道较远处，有一条供新建灯光变电站的 10kV 高压电缆被挖断，此时正值凌晨 4∶30 左右，因停航助航灯光还在关闭，当时"感觉"灯光供电未受影响。因新建灯光变电站设计标准很高，供电系统除备用柴油发电机组外，还有 UPS 电源装置保证主要灯光的正常供电，恰巧柴油发电机组在试运行期间出了些故障，厂家进行调试处理完后，将柴油发电机组的供电断路器断开，并将油机启动置于手动位置，准备交接使用，然而未交接，造成新建灯光站 10kV 电缆被挖断后，没有市电的情况下柴油发电机组未启动发电。由于有 UPS 电源装置的作用，第二天开航时的主要助航灯光的使用未受影响，也未引起施工人员及灯光维护人员的注意，一直至 UPS 电源装置的蓄电池蓄电耗尽，突然出现机场灯光的大面积停电，并进行停航抢修。由于故障原因未能及时发现和排除，造成较长时间的停航。

造成该事故的主要原因是该项目经理不认真分析研究现场情况，盲目追求工期，违章指挥，强令施工人员冒险作业，致使机场跑道不正常停航的后果。

（2）案例二

甲施工单位具有机场场道工程二级质资，经过投标获取投资人民币为 4500 万元的西南某机场场道土石方工程项目。由于项目工期紧任务急，项目经理亲自担任安全负责人，主持现场施工安全工作。在工程施工过程中由于强夯地基处理所用回填材料不均匀系数不能满足设计要求，项目经理根据经验认为不会影响工程施工质量，批准该批材料用于强夯作业。在项目实施一个半月时，由于项目经理患病，不能继续工作。该施工单位委派具有二级建造师资格的现场项目副经理接替其工作。

在这个案例中，不合理的做法如下：

1）项目经理担任安全负责人不可行。根据《建设工程安全生产管理条例》第二十一条规定"施工单位主要负责人依法对本单位的安全生产工作全面负责。施工单位应当建立健全安全生产责任制度和安全生产教育培训制度，制定安全生产规章制度和操作规程，保证本单位安全生产条件所需资金的投入，对所承担的建设工程进行定期和专项安全检查，并做好安全检查记录"，应该设置有安全资格的人员担任专职负责人。

2）项目经理批准不符合设计要求的填料，作为回填材料使用的行为不正确。违反《建造师管理规定》第二十六条"签署有虚假记载等不合格的文件"。

3）该施工单位更换项目经理做法不正确。理由：《建造师管理规定》第三条"未取得注册证书和执业印章的，不得担任大中型建设工程项目的施工单位项目负责人，不得以注册建造师的名义从事相关活动。"《中华人民共和国建筑法》第十四条规定："从事建筑活动的专业技术人员，应当依法取得相应的执业资格证书，并在执业证书许可的范围内从事建筑活动。"

（3）案例三

A 施工单位于 2006 年承建了某枢纽机场的场道工程施工任务。其工程内容为：土方工程、原有地下管线的防护或迁移、垫层、基层及水泥混凝土面层施工。

业主在施工单位进场后，召集机场有关部门和设计、监理及施工单位召开了专题会议，介绍了该机场地下管线及地下构筑物的分布特征，提供了地下管网走向及分布图，并特别说明：由于机场多次扩建，地下管线分布图仅作为参考，提醒施工单位在土方作业前，先人工挖探沟，并会同有关单位现场确认处理方案后再进行土方施工，以确保地下管线的安全。

A 施工单位因当年承建项目较多，项目经理在参加业主组织的首次会议后，即赶赴原承建项目进行工程后期施工安排，现场由项目副经理组织施工。因其他工地土方施工机械不能按期撤出，无法兑现投标文件中承诺进场的机械设备数量，该施工单位决定对土方工程项目实行分包。因分包单位首次参与机场工程，对机场工程施工特点无任何经验，为提高施工效率和经济效益，该分包单位采用挖掘机进行探沟的开挖，在开工第二天即将机场助航灯光电缆挖断，经机场有关部门抢修后，幸好未对当日进出港航班造成影响。为此，A 施工单位收到了业主的处罚，监理单位也对 A 施工单位下达了停工整改的通知单。但该施工单位认为罚款可由分包单位承担，自己未受损失，且对分包单位也缺乏有效地掌控，使得整改指令未能认真落实。分包单位只是象征性地人工挖了一条横向深沟，即自行决定采用机械开始大面积挖方作业。在施工当天，又将机场通信电缆挖断。为此，A 施工单位不仅受到了业主的加重处罚，而且明确禁止 A 施工单位参与下期工程的投标。

在这个案例中，存在的问题如下：

A 施工单位存在的违规行为有：①违法将中标工程进行分包，且不进行土方工程施工的安全交底；②项目经理同时承担两个或两个以上工程项目负责人；③施工机械未按投标承诺进场；④在未认真进行整改，且未得到监理单位同意复工时，即自行复工，严重违反了工程施工报审程序；⑤未按要求进行探沟的开挖。

项目经理担任两个或两个以上工程项目负责人，违反了《注册建造师管理规定》第二十一条；不按要求人工开挖探沟，即视为：未对因工程施工可能造成损害的毗邻建筑物、构筑物和地下管线等采取专项防护措施，违反了《建设工程安全生产管理条例》第三十条。

网上增值服务说明

　　为了给注册建造师继续教育人员提供更优质、持续的服务，应广大读者要求，我社提供网上免费增值服务。

　　增值服务主要包括三方面内容：①答疑解惑；②我社相关专业案例方面图书的摘要；③相关专业的最新法律法规等。

　　使用方法如下：

　　1. 请读者登录我社网站(www. cabp. com. cn) "图书网上增值服务" 板块，或直接登录(http：//www. cabp. com. cn/zzfw. jsp)，点击进入 "建造师继续教育网上增值服务平台"。

　　2. 刮开封底的防伪码，根据防伪码上的 ID 及 SN 号，上网通过验证后下载相关内容。

　　3. 如果输入 ID 及 SN 号后无法通过验证，请及时与我社联系：

　　E-mail：jzs＿bjb@163. com

　　联系电话：4008-188-688；010-58934837(周一至周五)

　　防盗版举报电话：010-58337026

　　网上增值服务如有不完善之处，敬请广大读者谅解并欢迎提出宝贵意见和建议，谢谢！